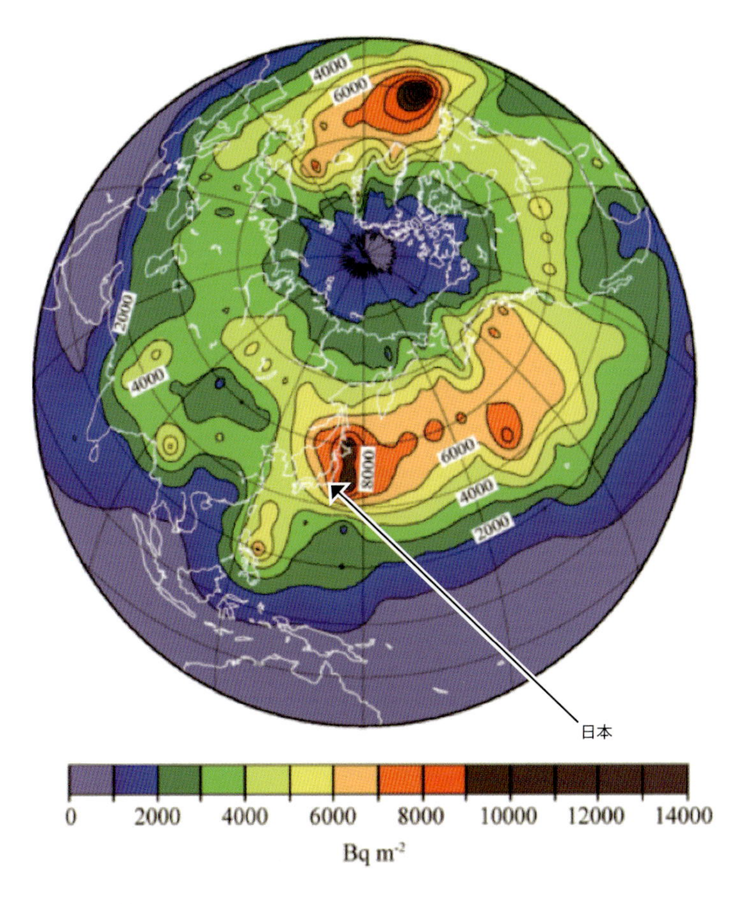

口絵 1
北半球に降下したセシウム 137 の分布（1970 年時点）**Q.7 参照**

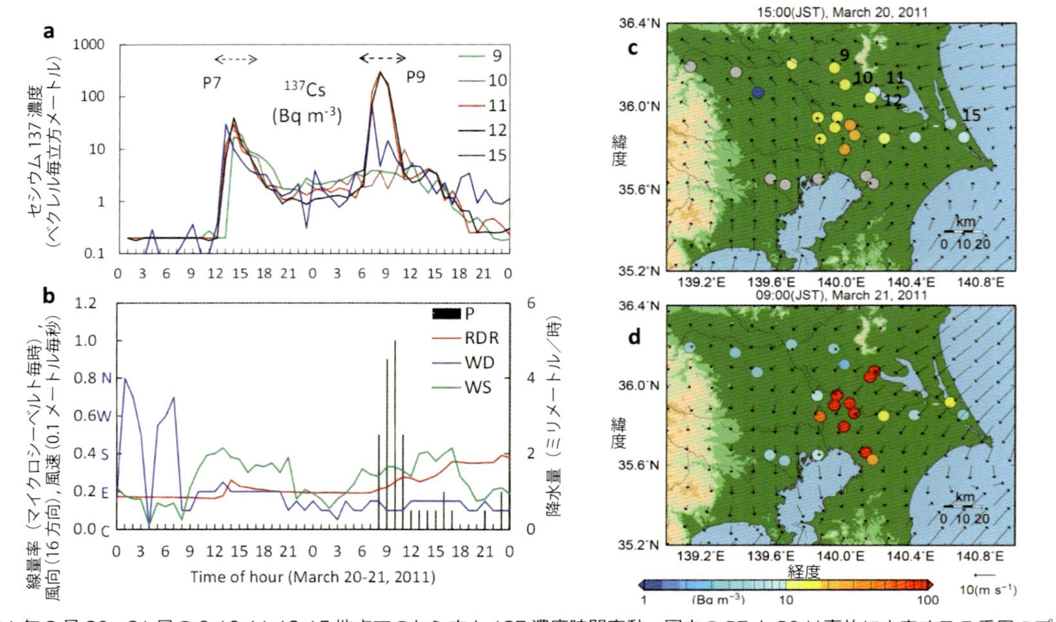

口絵 2

a は 2011 年 3 月 20−21 日の 9,10,11,12,15 地点でのセシウム 137 濃度時間変動。図中の P7 と P9 は事故に由来する 7 番目のプルームと 9 番目のプルームを意味しています。b は降水量（P），空間線量率（RDR），風向（WD），風速（WS）。c は 3 月 20 日，d は 21 日の関東地方での各地点でのセシウム 137 濃度（ベクレル毎立方メートル）。 **Q.12 参照**

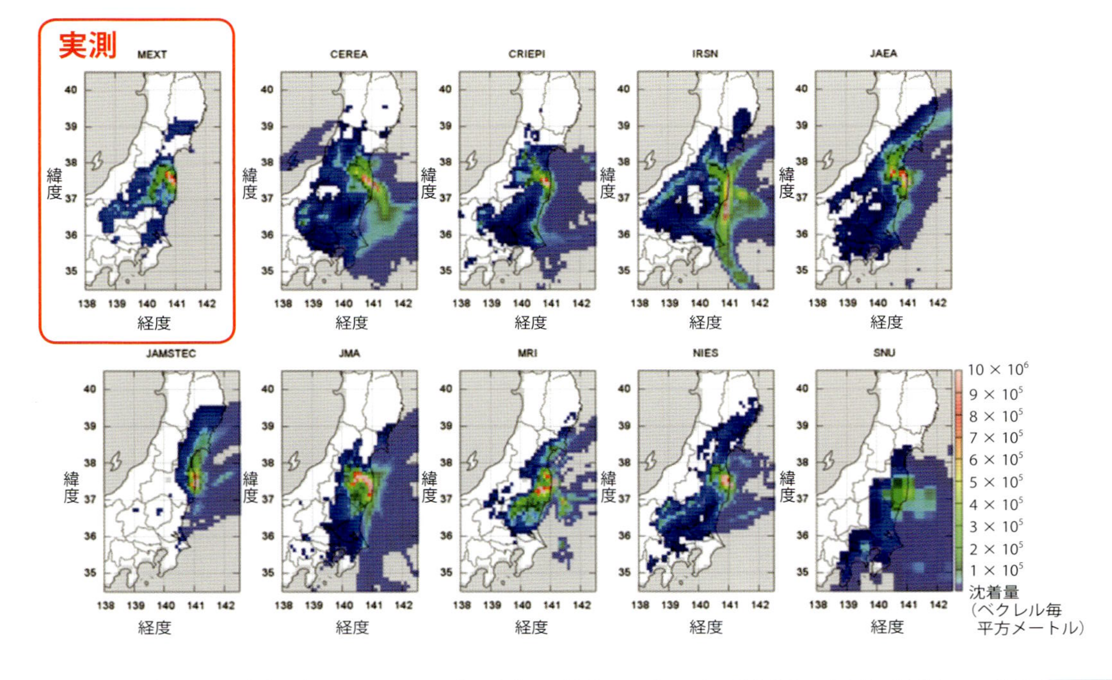

口絵3
2011年3月末までの福島第一原発事故由来セシウム137地表面沈着量の複数のモデルによる計算結果と実測値（赤枠）との比較 **Q.14 参照**

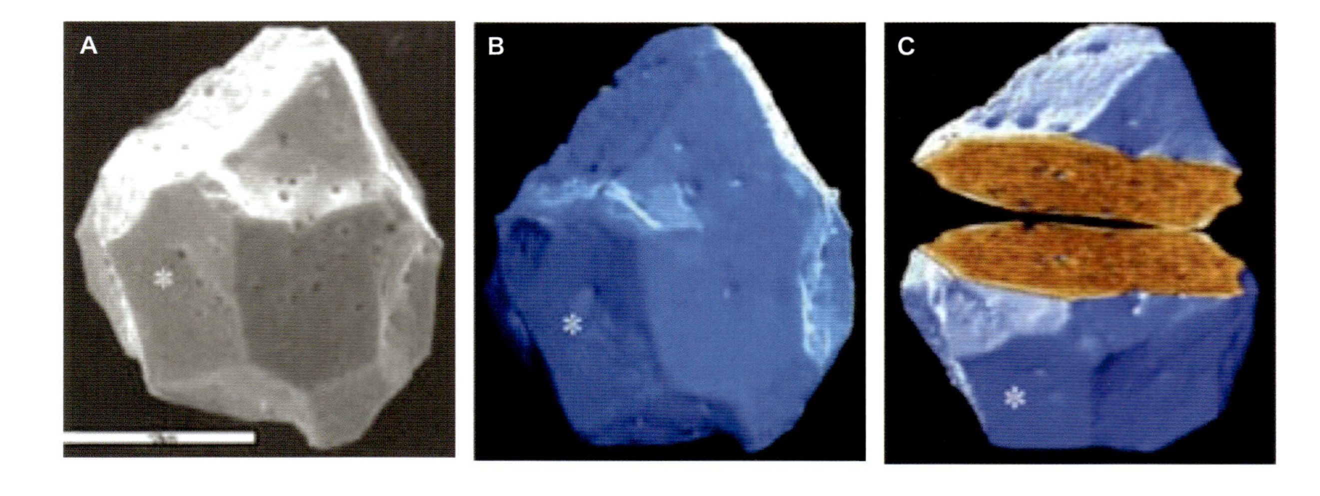

口絵 4
ウラン酸化物が主体となっている放射性エアロゾルの走査型電子顕微鏡画像の例 Q.23 参照

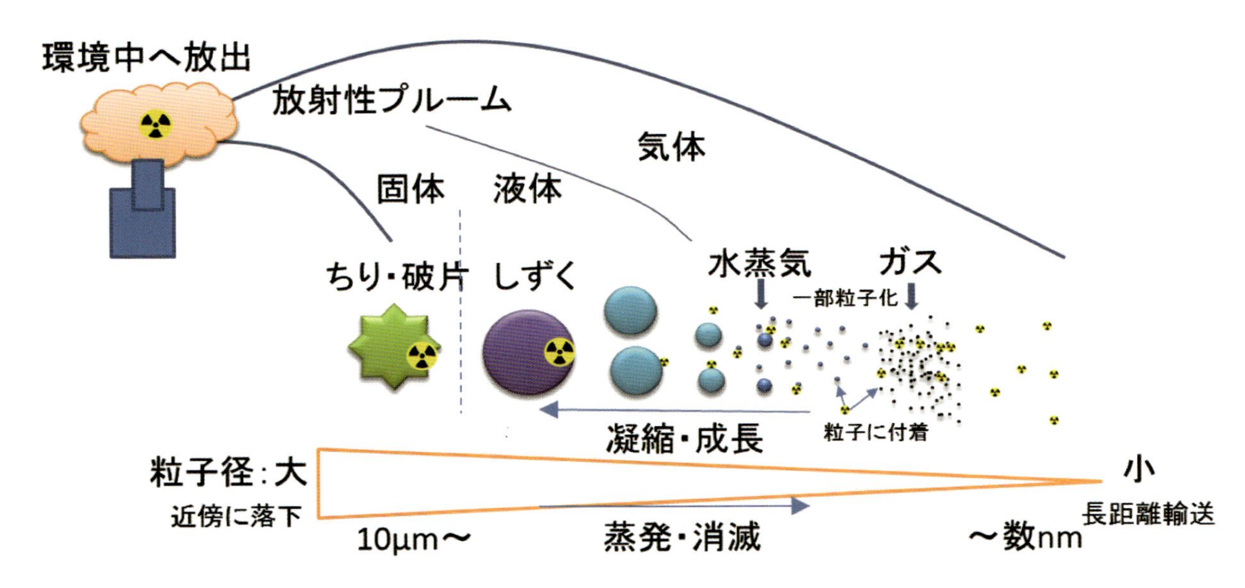

口絵 5
原発事故等で放出される放射性エアロゾルの大きさの比較 Q.24 参照

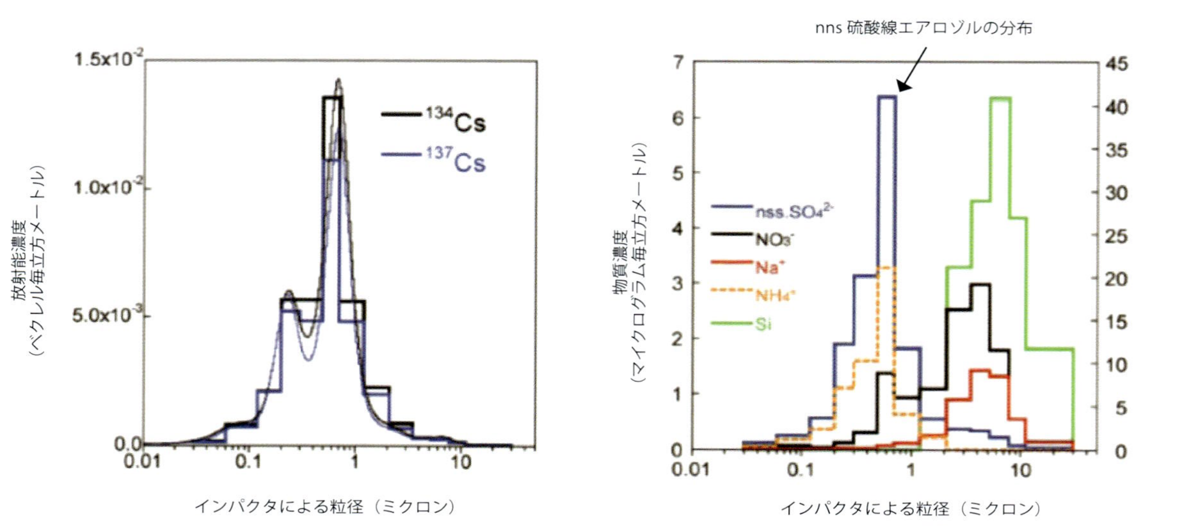

口絵 6

2011 年 4 ～ 5 月に茨城県つくば市で観測された放射性物質の粒径分布（左）と nss 硫酸 , 硝酸 , ナトリウム , アンモニウムの各イオン , ケイ素など大気エアロゾルを構成している物質の粒径分布（右）の比較 **Q.24 参照**

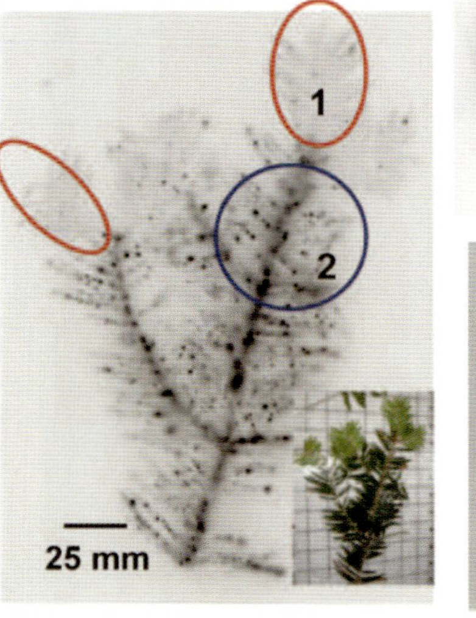

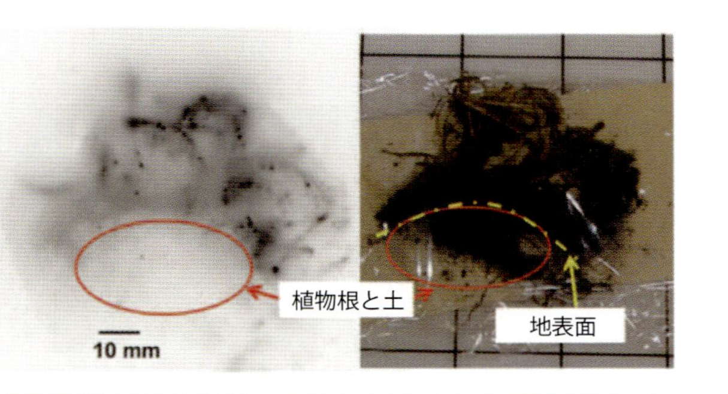

口絵 7
福島第一原発事故で汚染した植物試料のイメージングプレート（IP）による画像例　Q.24 参照

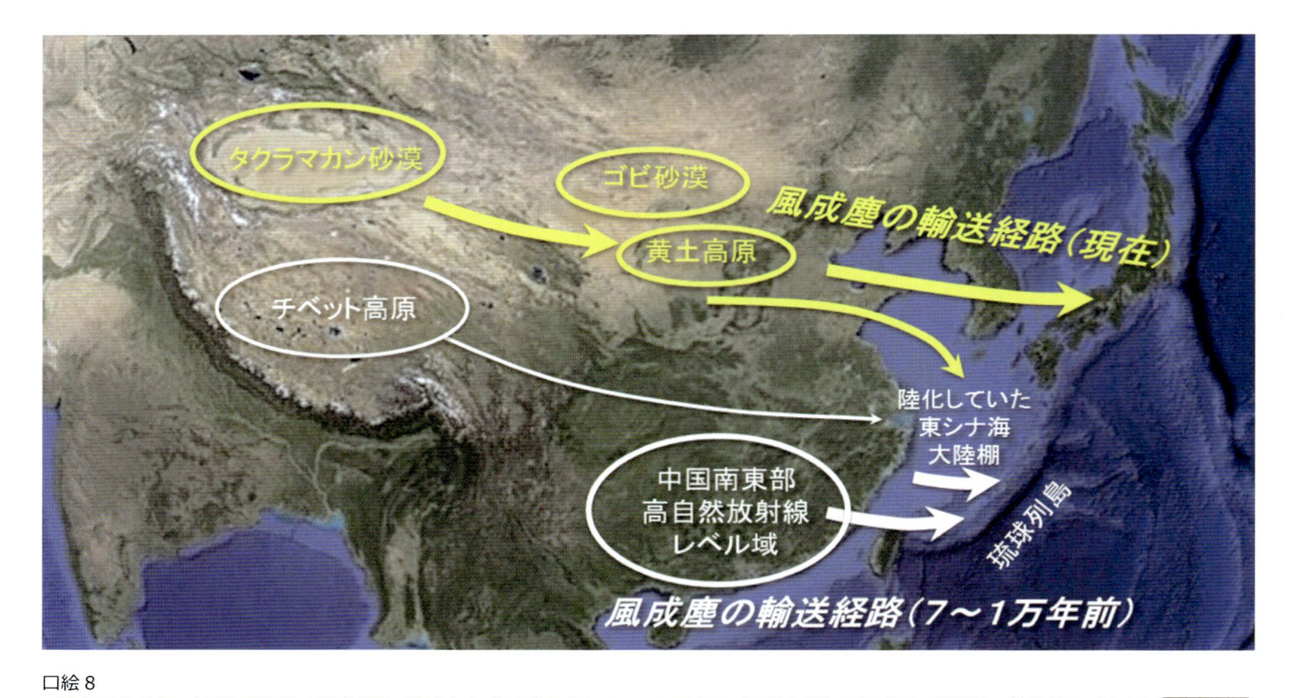

口絵 8

現在の風成塵の主要な起源地と輸送経路（黄色）および推定される７～１万年前（最終氷期）の風成塵の起源地と輸送経路（白色） Q.25 参照

みんなが知りたいシリーズ⑥

空気中に浮遊する放射性物質の疑問 25

—放射性エアロゾルとは—

日本エアロゾル学会　編

成山堂書店

はじめに

本書は，日本エアロゾル学会により企画され，学会理事会で選ばれた委員が中心になって執筆しました。大気中に浮遊する微粒子のうち放射性物質を含むもの，すなわち放射性エアロゾルについて，わかりにくい点をなるべく整理してやさしく説明してほしいという要望に応えようとした本であり，これまで存在しなかった本になります。そうは言っても 2011 年 3 月に発生した福島第一原発事故以降，放射性物質や放射線を主題とした書籍や単行本は本当にたくさん出版されており，したがって，本書は，そうした類書との差別化をいかに生むかという試行錯誤の結果です。広範な分野を網羅してでき上がった本書が，文字通りわかりやすくできているかどうかは，読者のみなさんからのご意見・ご批判にお任せしたいと思います。

ただし，本書の内容は必ずしも日本エアロゾル学会の公式見解のような性質のものではありません。また，放射性エアロゾルとのかかわりが薄い事項（例えば，中性子線など）は抜けています。その点にご留意をいただきたいと思います。

本書の執筆にあたり，今さらながら過去の日本エアロゾル学会誌「エアロゾル研究」をひもといてみたところ，4 巻 1 号の「放射性エアロゾル」特集（1989）など，80 年代後半から 90 年代半ばまで数回にわたり特集記事が組まれていたことを認識しました。その問題意識は，福島第一原発事故で露呈した諸問題の解決，減災・防災，大気科学や関連する諸科学技術分野における課題解決にかかわるもので，放射性エアロゾルはこの

10～20 年ほどはさほど重要視されてこなかったものの，古くて新しい問題であったことを改めて認識しました。温故知新といったところです。

本書はどこから読んでいただいても結構です。基礎的な事項から徐々に話が広がっていく方向で 25 の Q&A が書かれています。ご意見，ご質問があれば，お待ちしています。

最後に，図表の掲載許可を快く与えてくださった多くの団体や著者，本書の出版に尽力をいただいた成山堂書店にも御礼を申し上げます。

平成 29 年 11 月

日本エアロゾル学会会長
大谷　吉生

編集委員会一覧

（五十音順：◎委員長，○執筆者，ほかは査読者）

○五十嵐康人　（気象研究所 環境・応用気象研究部）
　沖　　雄一　（京都大学 原子炉実験所）
○長田　直之　（岡山大学 自然生命科学研究支援センター）
　財前　祐二　（気象研究所 予報研究部）
　反町　篤行　（福島県立医科大学医学部 放射線物理化学講座）
　東野　　達　（京都大学大学院エネルギー科学研究科 エネルギー社会・環境科学専攻）
○福津久美子　（量子科学技術研究開発機構 放射線医学総合研究所 計測・線量評価部）
　古川　雅英　（琉球大学理学部 物質地球科学科地学系）
◎三浦　和彦　（東京理科大学理学部第一部 物理学科）

放射能やエアロゾルの大きさに登場する単位と命数法

放射能の単位として使われるベクレル（Bq）は，国際的な決め事であるSI単位系（度量衡の体系で国際単位系と呼びます）において放射能（壊変率の大きさ）を表す物差しです。放射能の発見者である仏人研究者アンリ・ベクレルに由来し，1秒間に1回原子核が壊変を起こす（1 disintegration per second（1 dps）=1 Bq =1 壊変 / 秒）放射性物質の量を表します。

エアロゾルの大きさはほとんどの場合，球をイメージしてその差し渡し（直径）を考えて，SI単位系の基本単位のひとつであるメートル（m）で表します。メートルはもともと赤道から北極までの地球表面にひかれた弧状の線（子午線）の1千万分の1の長さを基礎にした長さで，現在ではおよそ3億分の1秒というごく短い時間に光が到達する距離をもとに決められています。

このベクレルやメートルという単位の頭にキロ，メガ，ペタなどとついている言葉は，数値を3桁ずつに区切って表す英語の呼び方で接頭語と言い，科学技術の世界では万国共通で使われます。日本語の千，万，億などに似た使われ方をすると考えてください。このように名詞を使った数字の数え方を命数法と言います。例えば，ギガ＝giga＝Gは，10の9乗である10億を掛けること（$\times 10^9$，1のうしろに0が9個）を意味する接頭語です。放射線，放射能関係でよく使われる接頭語を以下のようにまとめました。例えば2ギガベクレル（GBq）なら，1秒間に20億回の放射壊変が起こる放射性物質の量を表し，エアロゾルの大きさが30ナノメートル（nm）なら直径が30メートルの10億分の1を表します。

カナ表記（英語表記）	記号	日本語表記	数字表現＝指数表現
エクサ（exa）	E	百京	$1{,}000{,}000{,}000{,}000{,}000{,}000=10^{18}$
ペタ（peta）	P	千兆	$1{,}000{,}000{,}000{,}000{,}000=10^{15}$
テラ（tera）	T	一兆	$1{,}000{,}000{,}000{,}000=10^{12}$
ギガ（giga）	G	十億	$1{,}000{,}000{,}000=10^{9}$
メガ（mega）	M	百万	$1{,}000{,}000=10^{6}$
キロ（kilo）	k	千	$1{,}000 = 10^{3}$
センチ（centi）	c	百分の一（一厘）	$0.01=10^{-2}$
ミリ（milli）	m	千分の一（一毛）	$0.001=10^{-3}$
マイクロ（micro）	μ	百万分の一（一微）	$0.000001=10^{-6}$
ナノ（nano）	n	十億分の一（一塵）	$0.000000001=10^{-9}$
ピコ（pico）	p	一兆分の一（一漠）	$0.000000000001=10^{-12}$

目　次

放射性エアロゾルとは何ですか？

Question 1

Answerer 五十嵐 康人・福津 久美子・長田 直之

エアロゾルというと，「聞き慣れない言葉だな」と感じるでしょうか。ところが意外にも私たちにとっては身近な存在です。殺虫剤などのスプレー缶の表示に，「エアゾール」や「エーロゾル」と表記してあるのを見たことはありませんか？「エアロゾル」，「エアゾール」，「エーロゾル」，いずれも英語の aerosol のカタカナ表記で，同じものです。つまり，スプレー缶から噴射される霧状のものは，エアロゾルの一種です。学術的な表現では，「空気中に微小な液体粒子や固体粒子が浮遊している分散系」です。

空中に投げ上げたモノは重力によって，ほとんどすぐに地面に落ちてしまいます。しかし，モノの大きさが小さくなると，重力と落下にあらがう空気から受ける力が釣り合い，ゆっくりと落下します。例えば，水と同じ密度（そのモノがもつ質量を体積で割って得られる数値）で直径が 20 マイクロメートル（ミクロンとも呼ばれる。以降，ミクロンを使用。1 ミクロンは 100 万分の 1 メートル）の球の場合，落下速度は 1 秒間に約 1 センチメートルになります。さらに小さい粒子は，地表付近で起こる空気の流れ（乱流）にのって，長時間漂うこともあります。粒子の成り立ちの違いから，粉塵，フューム，ミスト，煤塵（ばいじん）などと扱うこともあります。また，気象学的には，霧，もや，スモッグなどと呼ばれることもあります。身の回りにある自動車からの排気煙，タバコの煙，黄砂，花粉などは，すべてエアロゾルに該当します。最近話題となった $PM_{2.5}$ もエアロゾルです。

それでは，「エアロゾル」に「放射性」がついた「放射性エアロゾル」は何かというと，放射線を出す性質の物質，つまり放射性物質が含まれているエアロゾルということになります。

放射性エアロゾルが科学や一般社会で扱われることになったのは 1945 年以降の原子力時代からと考えられます。つまり，人類が放射性物質をいろいろな目的で利用するようになってから，注目されたと言えるでしょう。核実験や事故などで環境に放出される放射性物質には気体状のものもありますが，大半は固体であり，放射性エアロゾルとして存在します。また，医療で利用される放射性エアロゾルもあります。

放射性エアロゾルというと，このような人為起源に注目が集まりがちで，「放射性」＝「怖い」，「危険」といったイメージが先行してしまうようです。しかし，地球上には私たち人類が誕生する以前から，天然起源の放射性エアロゾルが存在しています。天然の放射性ガス・エアロゾルの中で一番大きな割合なのが，希ガスの仲間である放射性ラドンとその壊変生成物です。ラドンについては**Q. 2** で詳しく述べますが，ここでは手始めとして自然の放射性エアロゾルを眺めてみましょう。

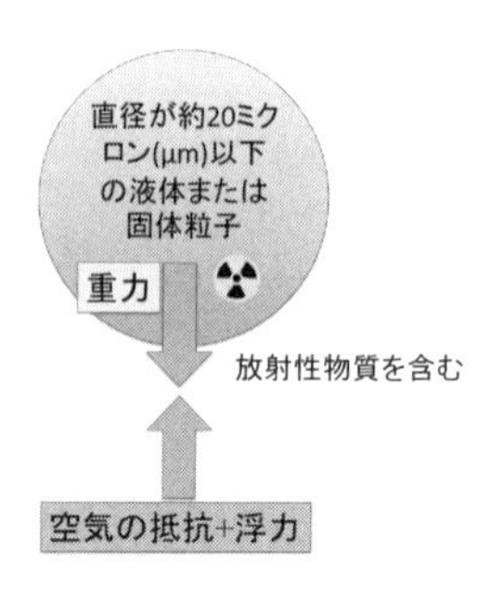

図 1-1　模式的に表した放射性エアロゾル
実際のエアロゾルはさまざまな形状をしていますが，ここでは球として表現しています。

自然の放射性エアロゾルの生成

自然の大気中エアロゾルの成り立ちには，もともと粒子として 1）大気中に移行したものと，2）大気中の化学反応によって気体だったものが数ナノメートルのほんの小さな粒子の芽となり，それに水分などが寄り集まってできたものと，大きく二つに分けられます。それぞれ 1）「一次エアロゾル」，2）「二次エアロゾル」といいます。地球表面からできるか，大気中からできるかの違いですが，ほとんどの場合はできてすぐの一次エアロゾルは大きく 1 ミクロン以上，二次エアロゾルでは小さく 1 ミクロン以下と大きさが異なります。

天然の放射性物質の由来は，地表面からのものと，空気中でできるものとがあります。空気中でできるものは，「宇宙線」に起源があります。地球の外，宇宙からは宇宙線という強力な放射線が飛んできています。宇宙線が大気上空の酸素や窒素と高速で衝突し，酸素や窒素の原子が壊れ，内部の「原子核」（**Q.6 を参照**）も壊れます。その結果，このような「核反応」でできた生成物が放射性物質となって大気中を浮遊します。元が軽い原子の核反応ですので，できる原子も軽いものが大半です。生成率が大きな順に炭素 14，三重水素（トリチウム），ヘリウム 3，ベリリウム 7 やベリリウム 10 が挙げられます。大気中には質量数 40 のアルゴンが存在するので，宇宙線とアルゴンが衝突すると質量数40より小さい核種もできます。しかし，先ほど列挙した中で一番少ないベリリウムの 100 分の 1 ぐらいの量でしかなく，簡単に検出できるという量ではありません。核反応の結果できた原子核がそのまま 1 個で存在しているということはまれです。酸化しガス状となるか，水溶性のエアロゾルに含まれたりして，多くが大気中のエアロゾルに付着，もしくは含まれて放射性エアロゾルとして空気中に存在しています。

空気中で生成したものでない放射性エアロゾル（一次エアロゾル）は，地表面にあるものが吹き上げられてできる機構が有力です。いったん地面に沈着した放射性エアロゾルも再び巻き上げられる可能性もあります。すなわち，大気中に浮かぶあらゆる物質が放射性エアロゾルとなる可能性があります。例えば，火山ガスにはラドン 222，鉛 210 やポロニウム 210 が含まれ放出されています。また，海水面からも波しぶきによってエアロゾルが生成するため（波でできた気泡がはじけてできます），海水に放射性物質が含まれていれば放射性エアロゾルが生成します。地球表面上のあらゆる所からエアロゾルが生まれる可能性はあり，そこには放射性物質もあるため，どこでも放射性エアロゾルは生成するのです。

身近にありますか?

Question 2

Answerer 福津 久美子

地球上には，天然の放射性核種（**Q.6 を参照**）があります。それは地中や地表面，水中だけに限定されるものではなく，空気中にも存在しています。空気中には，気体状で，あるいは粒子状，つまり放射性エアロゾルとして存在する核種もあります。その中でも，放射性エアロゾルとしてどこにでもあると言ってよいのが，ラドン壊変生成物です。ラドンというと，ラドン温泉をイメージするでしょうか。ラドンは，ウラン系列とトリウム系列から生じます。ウラン系列の始めとなるウラン 238 の半減期（**Q.6 を参照**）は 45 億年，またトリウム系列の始めとなるトリウム 232 の半減期は 140 億年と，どちらも非常に長い半減期であり，かつ物質量が多かったため，太陽系の誕生時からこの地球に残っています。

図 2-1 にウラン，トリウムの系列核種を示します。ウラン系列の核種は，質量数が必ず 4 の倍数＋ 2 になりますし，トリウム系列の核種の場合は，4 の倍数になるという規則性があります。この他にも 4 の倍数＋ 1 の系列，4 の倍数＋ 3 の系列核種もあり，後者はアクチニウム系列と呼ばれます。4 の倍数＋ 1 の系列は親となる核種の半減期が地球の年齢に比べて何桁も短いためすでに消滅してしまって，天然には存在しません。これらの系列で 4 の倍数がカギとなっているのは，質量数4のヘリウムの原子核(アルファ粒子)が放出されるアルファ壊変が起きているからです。**図 2-1** では縦矢印で示されているのがアルファ壊変で，斜め矢印で示されているのがベータ壊変です（**Q.6 を参照**)。数回のアルファ，ベータ壊変を経て，ウラン 238 はラジウム 226 に，トリウム 232 はラジウム

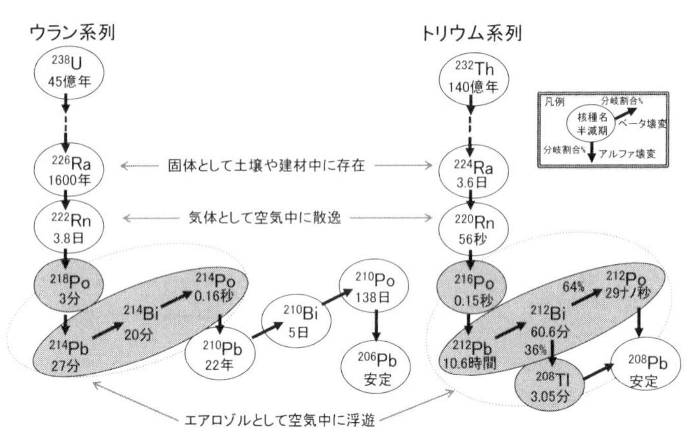

図 2-1　ラドンとその壊変核種
U：ウラン，Th：トリウム，Ra：ラジウム，Rn：ラドン，Po：ポロニウム，Pb：鉛，Bi：ビスマス，Po：ポロニウム（元素記号：元素名）

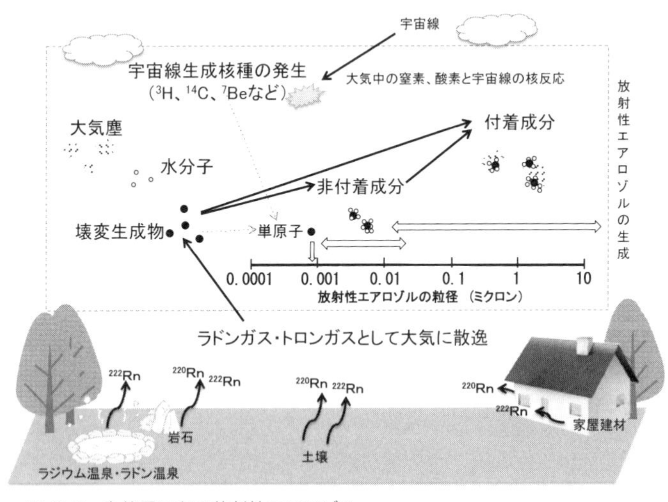

図 2-2　自然界にある放射性エアロゾル

224 になり，土壌や建材に含まれています。これらのラジウム同位体（**Q.6 を参照**）がアルファ壊変することでラドン 222（単にラドンと呼ぶこともある）やラドン 220（トリウム

疫学研究：疫学研究とは，地域社会や特定の人間集団を対象として，健康に関する事象（病気の発生状況など）の頻度や分布を調査し，その要因を明らかにする医学研究のことです。疫学研究には，病気とその要因の関係を証明するために，治療や予防に関する要因を人為的に変化させる「介入研究」と，介入を行わず対象者の通常の生活を調査・観察する「観察研究」があります（国立がん研究センターホームページより[*2-4]）。

を基点とすることからトロンと呼ぶこともある）が生じ，大気中に希ガスとして放出されます。希ガスは化学的に安定で他の物質との反応性がほとんどありません。そのため，ラドンは大気中に漂いながら，さらにアルファ壊変やベータ壊変を繰り返してラドン壊変生成物となります。ラドン壊変生成物となった時点から放射性エアロゾルとして大気中に存在することになります。ラドン壊変生成物は，単体で放射性エアロゾルとして存在する場合を非付着成分，大気エアロゾルなどに付着して放射性エアロゾルとして存在する場合を付着成分といいます。放射性エアロゾルとしての成り立ちを**図 2-2** に示しますので，参考にしてください。図には，ラドン以外の天然放射性エアロゾルも併せて記載しています。

ラドンの健康影響

さて，このラドンですが，肺がんでは，喫煙に次ぐ 2 番目の発がん要因であるとされています。これは数多くの疫学研究から導き出された結果です。世界保健機関（WHO）は，2009 年に屋内ラドンのハンドブックを刊行しました[*2-1]。住居内でのラドン被ばくに焦点をあて，ラドンの健康リスクの低減に関する詳細な勧告とラドンの予防や軽減のための対策を示しています。WHO では，屋内ラドン濃度は 1 立方メートルあたり

100ベクレル以下を推奨しています。しかしながら，現時点において，低減対策を施したことによる発がんリスクの低減は認められていません。タバコの煙はもちろんのこと，日常吸い込む空気に含まれるエアロゾルすべてをコントロールすることは非常に難しく，今後の長期的な観察が必要になるでしょう。

これに対して，健康に寄与するとして，放射能泉（含放射能-ラドン泉）が療養に活用されています。オーストリアのバード・ガスタインでは，臨床医学的に有効が認められた病気の療養に，年間約10,000人の患者が訪れています。日本でも鳥取県の三朝温泉は療養泉としてさまざまな患者を受け入れています。

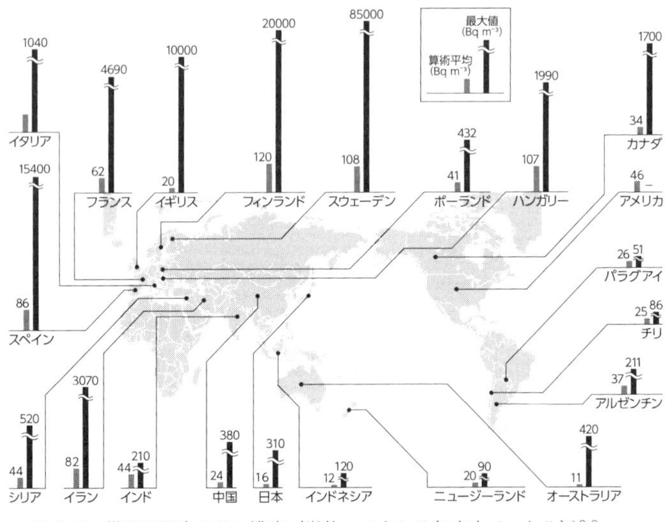

図2-3　世界の屋内ラドン濃度（単位：ベクレル毎立方メートル）*2-2

放射線医学総合研究所：1957年の創立以来放射線と人々の健康に係わる総合的な研究開発に取り組む国内唯一の研究機関です。2016年4月に国立研究開発法人量子科学技術研究開発機構が発足し，放射線医学開発部門としての放医研となりました。

肺がん要因としてのラドンと療養に活用されるラドン，人類誕生以前から地球に存在するからこその功罪併せ持つ天然放射性核種，といったところでしょうか。

世界のラドン濃度

国連科学委員会（UNSCEAR）の2000年報告[*2-2]をもとに，世界の屋内ラドン濃度を見てみましょう（**図2-3を参照**）。北欧などヨーロッパ地域は，屋内ラドン濃度が高いです。アメリカ大陸では世界平均レベル前後，東アジア地域ではインドを除くと世界平均レベルより低い地域が多いようです。

屋内ラドン濃度は，立地場所の土壌の中のウランやラジウム濃度，家屋に使われた建材や気密性に左右されます。ノルウェー，スイス，イギリス，アメリカでは，ラドンの健康影響の観点から，屋内ラドン濃度の測定がすでに住宅の売買の際に検討事項の一部として取り入れられています。

日本のラドン濃度

日本の屋内ラドン濃度の平均値は1立方メートルあたり16ベクレルと，世界平均値39ベクレルよりも低くなっています。昔ながらの日本家屋では，ヨーロッパ地域などの石造り家屋より気密性が低く，屋内ラドン濃度が高くなかった可能性があります。**表2-1**には，国内で構造条件の違う家屋ごとの屋内ラドン濃度調査結果を放射線医学総合研究所の報告書[*2-3]をもとに示しました。従来の日本家屋とは違う，より気密性の高いコンクリート構造や地下室の利用などが進むことで，今後，日本の屋内ラドン濃度が高くならないか注視していく必要があるかもしれません。

表 2-1　家屋構造別の屋内ラドン濃度（全国平均）*2-3

構造	データ数（軒）	ラドン濃度（ベクレル毎立方メートル）		
		平均値	中央値	最大値
木造	597	12.9	10.9	78
コンクリート	182	23.1	18.7	94
鉄骨	90	12.8	11.0	77
コンクリートブロック	16	42.5	22.6	208
プレハブ	6	10.0	9.5	17

大気エアロゾルと違いはありますか？

Question 3

Answerer 五十嵐 康人・長田 直之

基本的には，大気エアロゾルと放射性エアロゾルの挙動の違いは小さいと考えられます。それはなぜか，大気エアロゾルの基礎的事項からながめていきましょう。大気エアロゾルには，**Q. 1** でお話ししたように大気に放出されたところから粒子である一次エアロゾル，最初は気体ですが大気中で粒子となる二次エアロゾルがあります。一次エアロゾルの発生源を**図 3-1** に示します。これらのエアロゾルは特に $PM_{2.5}$ などによる大気汚染がなくても，自然の大気中に普通に存在するものです。$PM_{2.5}$ はさまざまな大気エアロゾルのうち，粒子の大きさ（「粒

図 3-1　主な一次エアロゾルの発生源
森林火災や野焼きは煤（すす）や有機物粒子の発生源，砂嵐は土壌粒子の発生源，海洋は海塩粒子の発生源。火山は火山灰の発生源であるだけでなく，二次エアロゾルの代表例である硫酸粒子の発生源でもあります。火山から出た気体の二酸化硫黄は大気中の化学反応で硫酸となり，硫酸塩エアロゾルが生じます。（世界気象機関ホームページ，東京管区気象台ホームページより[*3-1]）

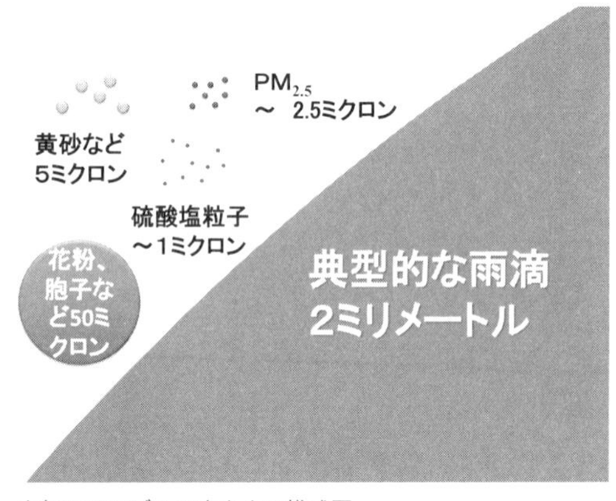

図 3-2　大気エアロゾルの大きさの模式図
大きさの割合を維持して縮小し，描いてあります。花粉，胞子や黄砂は一次エアロゾル，硫酸粒子は二次エアロゾル，$PM_{2.5}$ は 2.5 ミクロン以下の大気エアロゾルの総称。

径」で表現します）が 2.5 ミクロン以下のものすべての総称です。

大気エアロゾルは気象や気候を決める重要な因子です。大気エアロゾルがまったく地球大気に存在しない場合，湿度があがっても雨や雪がなかなか降らないし，霧も雲もほとんどできないことになります。大気エアロゾルは雲粒や氷の粒の凝結する核になります。大気エアロゾルがあるからこそ雲粒や雪片ができるのです。そのおかげで，今の地球の気象や気候が保たれているとも言えるでしょう。では，これらエアロゾルの濃度や量はどのように表されるのでしょうか。

エアロゾルの大気中での振る舞いを説明したり，計算したりするためにもまず重要な情報は大きさ（粒径）と個数濃度になります。そこで，エアロゾルを球として表現し，大気エアロゾルと雲粒との大きさの比較を**図 3-2** に描きました。二次エアロゾルは数百個の分子が集まった塊から成長しますが，数ナノメートル程度の大きさになると粒子として比較的安定して存在

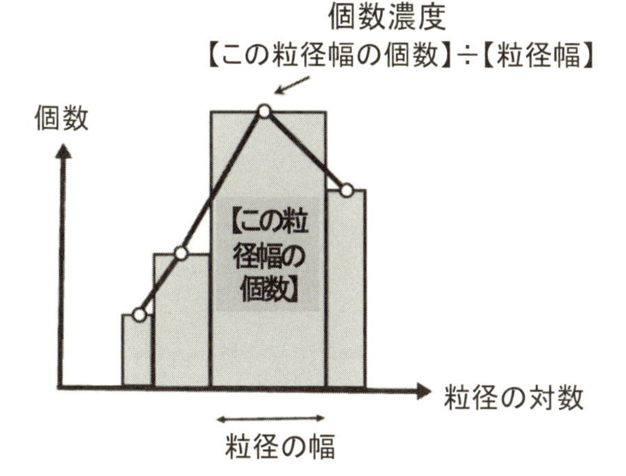

図 3-3　粒径分布の表し方－個数濃度分布
横軸の粒径は普通対数として表されます。その結果，個数濃度最大（「モード」と呼ぶ）を中心とした山をとり，「正規分布」と呼ばれるかたちとなります。ただし，粒径を対数で表しているので「対数正規分布」と呼ばれます。

できるようです。実際には，**図 3-2** にあるよりも小さな粒子もたくさん存在することから，大気エアロゾルの大きさの範囲は広く，5 桁くらいの幅があります。これをどのように表したらよいでしょうか。桁の広がりを直線の目盛りで描いてしまうと大きな値だけしか表すことができません（小さい値は見えなくなる）。そこで,「対数」と言って，その値が 10 の何乗倍か（10 をいくつ掛け算したか）ということで表現をします。つまり 10 は 10 の 1 乗ですから 1，100 は 10 の 2 乗ですから 2，1000 は 10 の 3 乗ですから 3，…というふうにしていきます。放射能も対数で描くことが普通ですので，なるべくこうした表記法に慣れてください。

さて，どのような発生源からのエアロゾルであっても，粒子の大きさはある幅を持ちます。そこで，この幅の広がりを含めて「粒径分布」と呼びます。粒径分布の測定は，基本としてどのくらいの粒径の範囲に何個のエアロゾルがあったのかという

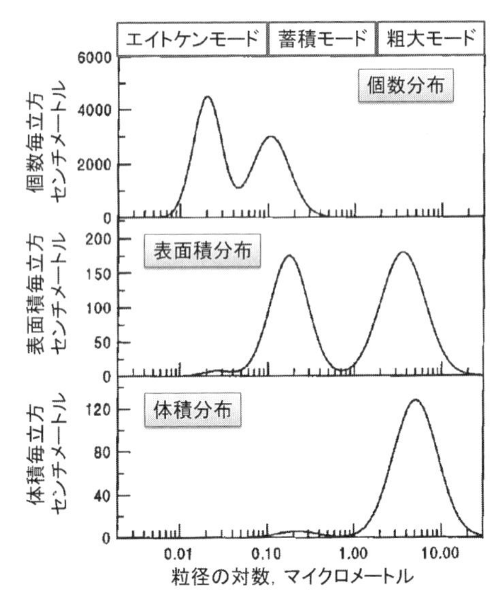

図 3-4　典型的な対数正規分布を示す大気エアロゾルの粒径分布
上：個数濃度，中：表面積濃度，下：体積濃度による分布　縦軸はそれぞれの粒径に対する個数，表面積，体積（表面積）=4 π × {½(粒子径)の 2 乗} ×(個数)，(体積)＝(4/3) π × {½(粒子径)の 3 乗} ×(個数) になります。ここで π は円周率です*3-2。

ことを測ります。

図 3-3 では個数表現の粒径分布を示しました。ところで，粒径分布は個数だけでなく，表面積や体積で表されることがあります。**図 3-4** にこうした例を示します。実際のエアロゾルは複雑な形をしていますが，簡単なため，一般的には球を仮定します。上段の図が**図 3-3** と同じ描き方で，各粒径のエアロゾルが何個あるかを示しています。山が三つあります。このうち 50 ナノメートル前後の山をエイトケンモードと呼びますが，これらのごく微小な粒子は，二次エアロゾルです。大気へ最初は気体として放出され，その後大気中の化学反応を通じて凝縮して液体または固体となり，相互に凝集し，あるいは気体がさらに凝縮して成長したものです。硫酸，有機物，すすなどがこ

うした粒径分布をもちます。このエイトケンモードのエアロゾルは，霧や雲に出会い，その霧粒，雲粒が蒸発すると元より1桁ほど粒径の大きな粒子となります。ちょうど1ミクロンより少し小さ目の粒径の粒子は，なかなか大気から除かれにくく，大気中に長い時間とどまる傾向にあり蓄積します。そのため，この山は蓄積モードと呼ばれています。蓄積モードのエアロゾルは，硫酸，有機物，すすなどの複雑な混合物であることが多いと考えられます。中段の表面積，下段の体積で表した粒径分布で初めて見えてくる粗大モードと呼ばれる粒子は，最初から粒子となっている一次エアロゾルで，海塩粒子や乾燥地などで発生する土壌粒子（ダスト）が該当します。

放射性エアロゾルでは，粒径に放射能基準がさらに加わります。放射能を基準にすることで，呼吸による体内の取り込み量や内部被ばく線量を考える際に重要な粒径です。

基本的には放射性エアロゾルとなっても，エアロゾルの性質は大気エアロゾルとほとんど違いがありません。ほとんどの放射性エアロゾルでは，放射性物質はエアロゾルの構成物質のごくごくわずかを占めるだけで，むしろ放射性物質を担う大気エアロゾルの性質が，ここまで述べた粒径をはじめとして，放射性エアロゾルの挙動を決めていると言っても言いすぎではありません。ですから，放射性エアロゾルの挙動を知るためには，放射性物質の分析・測定に加えて，エアロゾルとしての化学・物理性状の分析・測定が必要となるのです。

大気エアロゾルと放射性エアロゾルの違いとして考えられることは，放射性エアロゾルは，マイナス一価の電子（ベータ線）

やプラス二価のヘリウム原子核（アルファ線）のような放射線を放出することで，電気を帯びている（帯電している）傾向が大きいことでしょう。実際は，一般の大気エアロゾルも帯電していることが知られてはいますが，放射性エアロゾルの帯電の程度はもう少し大きいようです。日本では放射性エアロゾルの電気的性質の研究は，1990 年代以降ほとんど行われていません。専門家も極めて少なく，再度光をあてる必要があるでしょう。

目で見ることはできますか？

Question 4

Answerer 五十嵐 康人

電子顕微鏡なら見えますか？

ほとんどの大気エアロゾルは小さすぎて，目では見えません。また１ミクロン以下になると光学顕微鏡でも観察できなくなります。そのため，もっと小さなものの観察が可能な電子顕微鏡が使われます。それならば，多くのみなさんは電子顕微鏡を使えば，放射性エアロゾルも見えるのではないか，とお考えでしょう。しかし，電子顕微鏡の観察だけでは，放射性エアロゾルであると答えを出す（断言する）ことができません。電子顕微鏡ではナノメートルという非常に小さなエアロゾルまで粒子として見ることができますが，残念ながらその粒子から放射線が放出されているということを確認できないからです。つまり，見えた粒子が放射性物質（**Q.1およびQ.6を参照**）を含むかどうかを判断するためには，放射線を検出する装置を電子顕微鏡に組み込まないと無理ということになります。そのような顕微鏡は現時点ではありませんので，観察されたエアロゾルが放射性エアロゾルであるかどうかを判断することはできません。

放射線が飛ぶ様子を見られる霧箱

放射線は，特別な装置や仕組みを用いないと，目で見ることはできません。「霧箱」は，放射線を見ることができる装置の一例です。科学博物館などで展示されています。**図4-1**が発明者のウィルソンが1896年に作った霧箱です。霧箱は初期の原子核研究で活用されました。水蒸気が相対湿度100%を超えた過飽和条件となっているところへ放射線が入射すると，その「電離」作用（**Q.6**で説明します）でイオンが生成します（注：

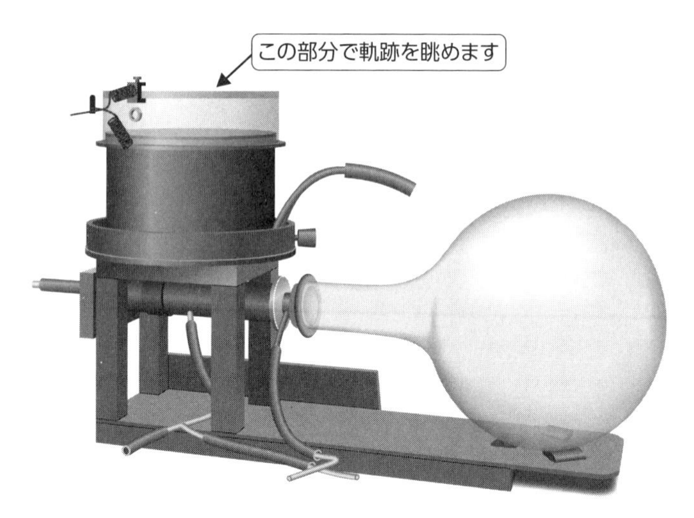

図 4-1　ウィルソンの霧箱

現在の霧箱はアルコール蒸気を使います）。このイオンは周りの蒸気を集めて液滴となり，霧として目に見えるようになります（**図 4-2**）。ここに電圧をかけてイオンを集め，一掃すると飛跡は見られなくなることから，イオンが核になって霧が生成することが証明されています。英語では，電離放射線のことを ionizing radiation と書いて，より一般的な言葉である radiation と区別することがあります。したがって，放射線の作用を考えるときに「電離」は本質的に重要と言えます。ちなみに空気 1 分子を電離するのに必要なエネルギーは 40 エレクトロンボルト（1 エレクトロンボルトは，1 個の電子を 1 ボルトの電圧にさからって運ぶのに必要なエネルギーです）程度なので，10 キロエレクトロンボルトのエックス線では数百個の電離が生ずると考えられます。

エックス線の飛跡を**図 4-2** に，アルファ線の飛跡を**図 4-3** に示します（アルファ線などの説明・定義は**Q. 17 を参照**してください）。アルファ線の場合は太く短い飛跡，エックス線の

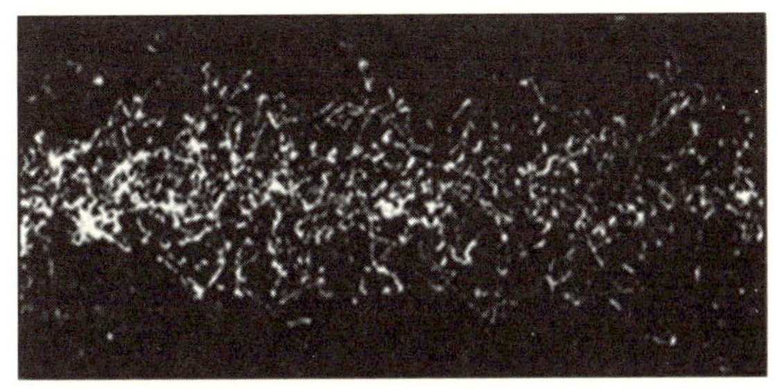

図 4-2　霧箱でのエックス線の飛跡*4-1
10 キロエレクトロンボルトのエネルギーのエックス線は空気中を 10 センチメートルあまり飛ぶことで，強さが半分ほどになります。

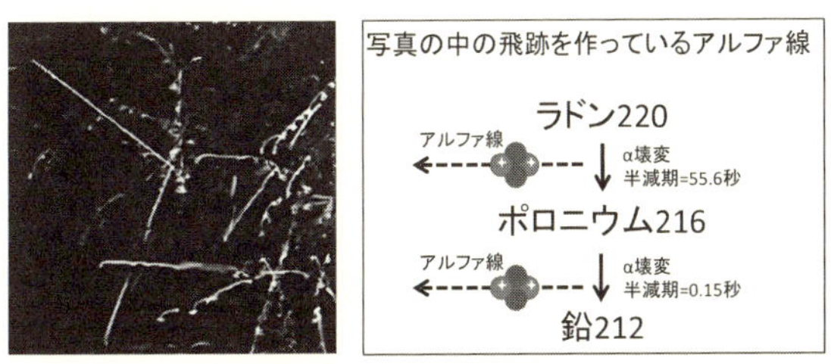

図 4-3　トリウム系列のラドン 220（トロン）投入時の飛跡
2 本のアルファ線がほぼ同時に放出されることで，松葉のような対になった飛跡が観察されます。ラドンについては，Q.2 を参照してください。

場合はややぼやけた感じの飛跡（ガンマ線もほぼ同じです），ベータ線の場合はこの中間です。いずれの場合もこの飛跡の様子から，電離は放射線が通過した限られた領域でしか起きていないことがわかります。すなわち，放射線は，物体全体に一様にエネルギーを与えるのではなく，その通り道に集中的に与えることがわかります。

何でできていますか？

Question 5

Answerer 長田 直之

大気中の物質状態

物質には気体，液体，固体という三態があります。これは大気中の放射性物質についても成り立つことで，気体で存在するものと，粒子となった液体や固体で存在するものがあります。放射性物質の状態は吸入や被ばくの対策に重要なことです。どうやって見分ければよいでしょうか。

放射性物質と言っても，物質であることに変わりはありません。同じ元素，化合物であれば放射性のものも，非放射性のものも挙動は同じです。つまり，気体として存在する物質は，どれも性質の同じ気体です。液体も固体でもそうです。そもそも放射性物質は全般に非放射性の物質に比べて物質量が大変少なく，それ自身だけで粒子を作ることはほとんどないと言ってよいでしょう。液体や固体の状態にある大気中の放射性物質も，一般的に大気中のエアロゾルに付着しています。ですから，大気中の放射性物質は，気体のものと，大気中に浮かぶエアロゾルに付着したもの（液体または固体）に分けられると言えるでしょう。その付着したエアロゾル自体の性質が放射性エアロゾルの挙動を支配します（**Q.3 を参照**）。

放射線とエアロゾル・気候・気象の関係

宇宙線は，**Q.1** などで書いたように大気中で核反応を起こします。その結果，核反応生成物が放射性物質となって大気中を浮遊します。強いエネルギーの宇宙線は核反応を起こすだけではありません。空気の分子を分解し（電離し）化学反応を起こしてエアロゾルを生成します。地球に飛来する宇宙線は太陽の活動と関係があり，11 年周期で変動する太陽の活動によって増減しています。一方，農作物が 11 年周期で増減を繰り返し太陽の活動と関係があるのではないかということが，17 世紀から言われてきました。まだ直接それらを結び付ける理論は見出されていませんが，一つ提案されている考え方は，日射量の変化以外に，宇宙線による化学反応により大気中にエアロゾルができ，そのエアロゾルが雲を生成するために気候が変わるというものです [*5-1]。しかし宇宙線が本当に雲の生成を引き起こすのかはわかっていませんでした。そこで宇宙線と同様の高エネルギー粒子を，加速器で作り出し空気に打ち込んでエアロゾルができるかどうかという研究が行われました [*5-2]。これによって，放射線によって雲のもとになるエアロゾルができることが明らかになり，今後の気候変動メカニズムの解明にも役立つのではないかと期待されています。

宇宙線でできる放射性物質

炭素 14 は宇宙線でできる放射性核種の中では生成率が大きく，地球上の炭素を平均すると 1 グラム中に 0.25 ベクレル含まれています。これをもとに計算すると，体重 60 キログラムの大人では 2500 ベクレルぐらいの炭素 14 が含まれている計算になります [*5-3]。ほかの動植物にも呼吸や飲食などによって同じ割合で取り込まれ，また排出されています。地域的な偏りは多少ありますが，動植物が生きていれば入ってくる量と出ていく量が釣り合い，すべての動植物には同じ割合で含まれていることになります。しかし動植物が死んでしまうと炭素 14 が取り込まれなくなり，約5700年の半減期（**Q.6を参照**）で次第に体内に含まれる割合が減っていきます。この仕組みが遺跡や古文書などの年代測定に利用されています。大雑把な話ですが，遺跡から出土したお米のおこげなどに含まれる炭素を調べ，炭素14の割合が通常の半分しかなかったとすれば，その遺跡は5700年前のものだと考えられるわけです。ほかにも大気中に浮かぶすす（黒色炭素）粒子を調べた場合，炭素14が普通の割合で含まれるものと，炭素14が極めて少ないものの2種類があったとします。この場合，前者は地表面のものが燃えてできた粒子と考えられますが，後者は炭素14が極めて少なくなってしまうぐらい古い炭素，すなわち化石燃料がもとになってできた粒子ではないかという推測をすることもできます。実際には炭素14の測定が難しいほど古すぎる試料や，太陽活動の強弱の補正なども必要となり，正確に年代を推定するということは大変です。

トリチウム（水素3または三重水素；^{3}Hと書きます；記号の書き方は**Q.6を参照**ください）は炭素14の次に多くできます。雨水1リットルあたり約1ベクレル程度含まれているといわれますが，その雨水がどのような経緯をたどって採取されたかによって変わるため，一定の値は出せていません。トリチウムも炭素14も，人類が利用を始めた核反応により1945年以降に地球上で存在する割合が変わってしまいました。1960年代のトリチウム濃度は，大気圏内核実験により100倍程度まで増加しました。炭素14も倍程度になり現在でも20%程度は高いと言われています[*5-4]。

宇宙線で生じるベリリウムにはベリリウム 7 と，ベリリウム 10 があります。質量数は違いますがどちらも同じ化学的性質をもちます（同位体；**Q.6 を参照**）。ベリリウムは化学的に人体には猛毒なのですが大気中にできる量は極めて少ないために，化学的毒性も放射性物質としても心配する量ではありません。半減期は，ベリリウム 10 は約 150 万年もあるのですが，同じベリリウムでも 7 のほうは約 53 日しかありません。半減期が長いということは安定，短いということは不安定なので，同じ量・同じ時間でも半減期が短いものは多くの放射線を出し壊変しどんどん減少していきます。よって微量でもベリリウム 7 の放射線測定は容易であるとも表現できます。このベリリウムの放射性同位体も炭素 14 と同様に，太陽活動の強さが変化すると地球に降り注ぐ宇宙線の量が変わり，ベリリウムの生成量も変わるためその指標として使われることがあり，これらを利用した研究が進んでいます。

なお，放射性の炭素や水素は，二酸化炭素や水の中に入り込んで，放射性でないものとほとんど同様の挙動をします。また，ベリリウムは主にエアロゾルに付着し放射性エアロゾルとして移動することが知られています。

放射線と放射能は違うのですか？

Question 6

Answerer 五十嵐 康人・長田 直之

放射能とは

科学者は古代からこの世をかたちづくる物質の正体を解明することに情熱を注いできました。19～20世紀になると「原子」や「元素」の解明が進みました。今ではほとんどの物質は，さまざまな元素が組み合わされた化合物として存在していることがわかっています。化学的に分割できる最小の単位が原子で，大きさは0.00000001センチメートル=1/100000000=1/10^8=10^{-8}センチメートル程度，重さは10^{-24}～10^{-22}グラムほどです。この原子を1円玉（1センチメートル）にたとえると，人間の背丈は木星ほどに相当します(木星の直径はおよそ14万キロメートルですので140センチメートルの人を考えています)。このように，原子は私たちの大きさからすれば非常に小さいのですが，内部に構造をもっています。中心には正の「電荷」をもつ塊，コアと言いますか—実体があり「原子核」と呼ばれます。その周辺には，負の電荷をもつ「電子」が存在しています（**図6-1** 上)。電子は物質の根源である究極の微小粒子（素粒子と呼びます）の一種で，電流を作り出す実体です（電子の流れが電流です)。また電荷とは，日常利用する電池や発電機からの電気の本態を指し，電子は負の電荷を，陽子は正の電荷を帯びています。

原子，原子核の大きさは元素が重くなるにつれ大きくなりますが，原子核は原子の大きさのおよそ数万分の1とさらに小さいものです（**図6-1** 下)。原子核は，重さはほぼ同じですが，正の電荷をもつ「陽子」と，電気的に中性な「中性子」の二つの種類の粒子で構成されています。陽子や中性子は原子核を構成する粒子なので「核子」と呼ぶこともあります。陽子や中性子は，かつては素粒子と考えられましたが，さらに小さな要素から成ることがこの30〜40年ほどでわかっています。それをお話しすると最新のクォーク理論に行きつくのですが，そこまで分け入らなくてもこの本の主題を語るには十分ですので，ここでは立ち入らないことにします。

さて，原子・原子核の種類を「核種」と呼び，陽子の個数，中性子の個数，エネルギー状態（原子核のエネルギーレベルが高いか低いかの違い）の三つの要素ひと組で区別します。それぞれの組がひとつの核種になります。陽子，中性子の個数だけでなくエネルギー状態を含めるのは，質量数が同じでも異なったエネルギー状態を取ることがあり，寿命がある程度長ければ，別の核種として区別するためです。陽子の数で元素が決まります。陽子数＋中性子数を「質量数」と呼び，同じ元素（同じ陽子数）で質量数が異なるものを「同位体」と言います。同位体には，「安定同位体」と「放射性同位体」があります。「放射性同位体」は本来，同じ元素の放射性の同位体を区別する際の呼び方ですが，英語ではradioisotope（ラジオアイソトープ）にあたり，その省略形「RI」を「放射性物質」と同義で扱うことがあります。また，日本の法律[*6-1]では，「放射性物質」を呼ぶときに「放射性同位元素」という用語を使いますが，二つの用語の意味に違いはありません。

例えば，炭素という元素について考えてみましょう。炭素では原子核には陽子が常に6個あり，中性子の数が6個，7個，8個と異なる同位体の炭素12，13，14（^{12}C，^{13}C，^{14}Cと書きます。**図 6-2 を参照**）などがあります。このうち炭素 14 は放射性同位体です。なお，原子核の電荷は電子によって中和されますから，炭素の原子核の周辺にはいつも 6 個の電子が存在します。

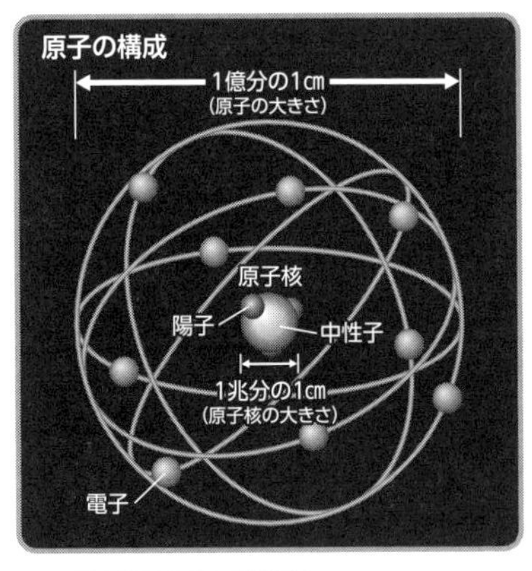

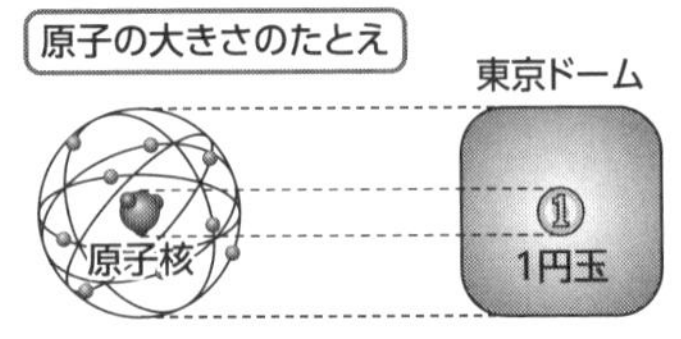

図 6-1　原子の構成（上）と原子の大きさ（下）の概念図*6-2

数千あるといわれる核種のうち大半はエネルギー的に不安定です。このような原子核はいずれ壊れて，その余っているエネルギーを「放射線」（粒子と電磁波があります；**Q. 17 を参照**）として放出して，より安定な別の核種に変化します。この現象を「放射壊変」あるいは「放射性崩壊」とも言い，「放射能」という性質をもつと言います。「放射能」をもつことを示す言葉が「放射性」で，そうした物質が「放射性物質」です。つまり，「放射能」は，もともとの意味では放射性物質のことを指しませんでしたが，「放射能がある，ない」，「環境の放射能」などと使われるうちに，放射性物質のことも意味して広く使われるようになってしまいました。ゴジラも「放射能を吐く」と言われますが，この使い方は，本来は正しくありません。科学では言葉の「定義」に忠実であろうとしますが，社会の中では言葉が変化してしまう実例のひとつです。

なお，よく間違って「放射能を浴びた」と使われることがありますが，正しくは「放射性物質を浴びた」であり，また「放射能被ばく」は「放射線被ばく」の間違いです。よく混同される「放射線漏れ（放射線が漏れている）」と「放射能漏れ（放射性物質が漏れている）」は，まったく違うことを意味しています。また，人為的に自然界の特殊な条件をまねて作り出された放射能や放射性物質を自然のものと区別する場合，「人工放射能」，「人工放射性物質」と言います。しかし，人工であろうと天然であろうと，放射能という性質に変わりはありません。現象としては同じなのです。放射性物質は，人工でも天然でも同じような壊れ方をして，同じような放射線を放出します。ついでに言えば，放射性物質はウィルスやバクテリアのような微生物と違い，ただの物質ですから，体内で増えることも感染することもありません。ただし，表面が汚染した物質や人体から飛び散り，二次的な汚染が生ずることはあります。

半減期とは

「放射能」という言葉は，放射能の強さ＝量（単位時間あたりに放射壊変する個数；壊変率）の意味でも使われます。放射性物質はある時間が経過すると，放射能が自然に小さくなっていきます。放射能の時間変化を図に表すと，**図 6-3** のようになります。放射性核種が異なると放射能の減り方も異なります。

$${}^{A}_{Z}X$$

X：各元素の記号
Z：原子番号 = 陽子の数
A：質量数 = Z+N（N：中性子の数） 時に m, g を付け加えてエネルギー状態を表す

図 6-2 国際的に定められた核種の表記法
原子番号 Z は元素記号の X から容易にわかるため，省略されることが普通です。

最初測定した放射能の強さ（または放射性原子の数）がちょうど半分になる時間を「半減期」と呼びます。どの放射性核種もその核種がもっている 1 半減期が経過すると，必ず放射能が半分になります。半減期がすぎるごとに 1/2 ですから，順に分母を倍にして 2, 4, 8, 16, 32, 64, 128, 256, 512, 1024 と数えていきますと，10 半減期では，元の放射能の 1024 分の 1（約 1/1000 と言えます）と，3 桁小さくなります。**図 6-3** の上では縦軸を直線スケールにしていますが，下では縦軸スケールを対数に変えてプロットしています。対数スケールでは，放射能のようにある時間経過すると半分になる指数関数で表される減少は，直線になります。このこともあって，放射性物質を扱う分野では，対数スケールでの表記が多く用いられます。ぜひ，対数表記（**Q. 3 を参照**）に慣れてください。

放射性核種にはたくさんの種類がある

核種の表記法を**図 6-2** に示します。元素は化学的性質の違いを表していて，各元素には名前と記号がそれぞれ与えられています。例えば，原子力報道でひんぱんに登場する ^{137}Cs（セシウム 137）を例にすると，55 番元素（図では *Z*，つまり陽子の数が 55 個）のセシウム（図では *X*）のうち質量数（図では *A*）が 137 の同位体で，137−55=82 個の中性子（*N*）をもつ，ということがわかります。これまでに人類が発見したと公式に

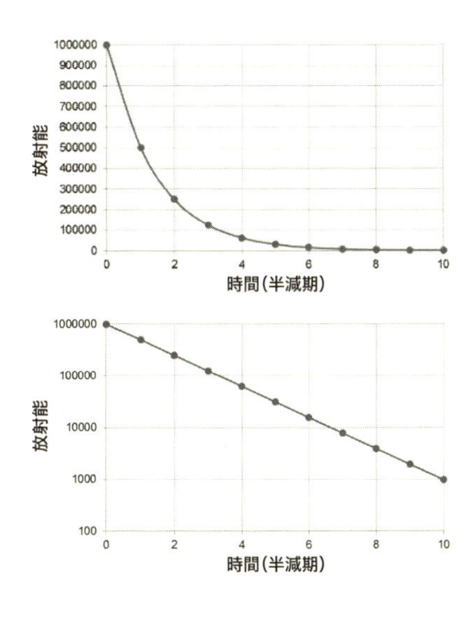

図 6-3　放射性核種の放射能と半減期の関係
上：縦軸直線スケール,
下：縦軸対数スケール

認められている元素 *6-3 は 118 ありますが，各元素は同位体を複数もつため，核種は 6 千を超えています。しかし，そのうちエネルギー的に安定でずっと壊れないでいる安定核種はごくわずかな数しかありません。不安定な核種は全部「放射性核種」です。

不安定な核種は，宇宙の始まりや太陽のような恒星の中，星々や銀河の衝突，超新星爆発など極めて高エネルギーの核反応が進行している世界で生まれ，時間経過とともに放射性壊変によって，安定な核種へと変わっていきます。宇宙には不安定な核種が主体で構成されている世界もありますが，私たち自身や現在の太陽系・地球は半減期が無限大の核種，つまり安定核種がたくさん集まって，構成されていると考えてもよいでしょう。私たちの太陽系は第二世代と考えられており，宇宙ができて最初の世代の星屑からでき上がったようです。このように，宇宙という視点から考えると，放射能・放射線はまったく特殊なものではなく，ごくありふれた要素であることがわかります。原子力の事故や原水爆実験などで環境に放射性物質が大量に放出される事件が起きてから，放射性物質や放射線は世間の注目を集めるようになっていますが，人間は自然界のまねをしているだけなので，自然条件においても，私たちは普通に放射性物質や放射線に囲まれています。

さて，放射性物質から発せられる「放射線」は，赤外線，可視光，紫外線に比べてもエネルギーが高く，周りの物質の原子や分子を「電離」して（電子を原子核の束縛から解き放ち）イオンと自由電子の対を作り出すか，または高エネルギーの状態に励起します。太陽からの光，紫外線や赤外線も英語ではradiation（放射）とひとくくりにされることがありますが，ここでお話ししている放射線は，物質を電離する能力のある＝エネルギーが大きい「電離放射線」を指します。よく見るたとえですが，放射性物質は電球で，そこから発生する放射線は光に相当します。

放射線の種類には，ヘリウムの原子核が高速で走るアルファ線，高速の電子であるベータ線，高エネルギーの電磁波であるガンマ線などがあります。3種類の放射線とこれらの組み合わせだけから放射性核種を決めるのは無理なように思えますが，放射線のエネルギーが核種ごとに異なるので，それぞれの放射線のエネルギーを測定することで放射性核種を特定します。また，アルファ線を放出して原子核が壊れることをアルファ壊変，ベータ線の場合，ベータ壊変などと呼びます。

どこで発生しますか?

Question 7

Answerer 五十嵐 康人・長田 直之

大気圏内核実験による放出

放射性セシウムやストロンチウム，プルトニウムなどの人工放射性物質は，福島第一原発事故で初めて環境中に放出されたものではありません。第二次大戦中に開発された核兵器の登場とその後の大気圏内核実験によって，相当な量の放射性物質が1980年代以前に環境中に放出されました。**表 7-1** に他の事故とも比較しつつ，その量を示します。福島第一原発事故で放出された量（例えば，セシウム137が15ペタベクレル，ヨウ素131が160ペタベクレル；**表 24-1 を参照**ください）に比べて，核実験による数値は，2桁以上大きかったことがわかります。これらの放射性エアロゾルは自然の放射性エアロゾルと同様に，大気中を輸送され，拡散し，雨などで地面や海に落ちて行きました（**Q. 12 を参照**）。

表 7-1　これまでの放射性核種の核実験，核事故における放出量[a]
単位はペタ（10の15乗）ベクレル，キセノンはすべて気体，ヨウ素も一部は気体です*[7-1]。

発生年	1945年	1945~1980年	1986年	1957年
放射性核種	広島原爆	核実験	チェルノブイリ事故	ウィンズケール事故
セシウム137	0.1	1500	89	0.044
セシウム134[b]			48	0.0011
ストロンチウム90	0.085	1300	7.4	0.00022
キセノン133	140	2,100,000	4,400	14
ヨウ素131	52	780,000	1,300	0.59

[a] 核反応の停止または爆発から3日後に壊変補正した値
[b] セシウム134は原子炉のみで生成

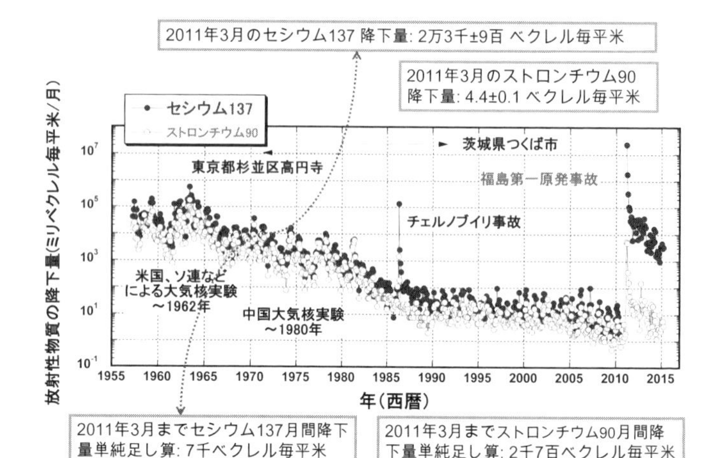

図 7-1　対数スケールで表した 1957 年からの気象研究所での毎月の放射性物質の降下量（ストロンチウム 90 とセシウム 137 が毎月どのくらい降ったかを示しています）
福島第一原発事故によるセシウム 137 降下量は，1957～2010 年までの全体の降下量の数倍でした。放射壊変で現実には減っていたため，その減り方を考慮すると 10 倍強に相当します。

第二次大戦後は，米国・旧ソ連は競って核兵器開発を進めました。旧ソ連はノバヤゼムリヤ，カザフなどで，米国はネバダ砂漠，南太平洋のビキニ環礁などで大気圏実験を進め，世界に衝撃を与えました。米国の実験は，水着のビキニの由来になったほどです。次いで水爆が開発され，1954 年には日本の漁船（第五福竜丸）が被爆したビキニ事件が起きました。同事件は，大きな衝撃を日本国民に与えました。核実験が引き起こした放射能雨，「放射性降下物」（グローバル・フォールアウトと呼びます）は，極めて大規模な汚染で最初の地球環境問題とも言えます。そのため，世界中で社会問題となりました。この結果，1963 年には部分的核実験禁止条約の締結により大気中での核実験は行われず地下核実験に移行し，放射性降下物の量は減っていきました。しかし，フランスと中国は大気圏での核実験を

成層圏：大気圏は層状の構造をもっています。「成層圏」とは，私たちが暮らしている地上から 10 キロメートルくらいまでの雲ができ，雨などが降る「対流圏」のすぐ上にある大気の鉛直領域で（〜50 キロメートル），オゾン層が存在する領域です。オゾンが太陽からの紫外線を吸収して温度が対流圏よりも高いため，成層圏の空気は簡単には対流圏とは混ざらなくなっています。

気象研究所：気象庁の総合研究機関。もともと東京の高円寺にありましたが，1980 年に国の方針によって茨城県つくば市に作られた「研究学園都市」内の現在地に移転しました。日本学術会議の勧告と当時の気象庁長官の決定に基づき，気象庁は 1955 年から大気・海洋の環境放射能観測を開始しており，気象研究所はそのセンターとしての役割を果たしました。当時全国的な通信連絡網と多くの技術者を抱える国の機関は限られていたというのがその理由です。気象庁の観測網は 2000 年代には役目を終えましたが，気象研究所では今でも調査研究を続けており，日本で最も長い放射性物質の降下量観測記録をもっています。

1970 年代末まで（特に中国は 1980 年まで）継続したため，汚染が続きました。**図 7-1** にこのような大気の汚染の指標となる放射性物質の毎月の沈着降下（沈着）量の日本での記録を示します。降下量は，大気中濃度と雨の頻度や量に比例します。この図にみられるスパイク状の降下量の上昇は，ほとんどがこうした核実験によるものです。

核事故と核実験の違いは，核実験では放射性物質を含む高温の火の玉ができる点です。相対的に高温である火山噴煙と似ています。膨大な熱エネルギーでできた火の玉は「成層圏」と呼ばれる高空まで上昇し，吹き上がった物質のほとんどは放射性エアロゾルとして成層圏で漂います。核実験による放射性エアロゾルもゆっくりと全世界に降り注ぎました。1970 年時点のセシウム 137 の北半球地表での沈着の広がりが**図 7-2（口絵 1）**

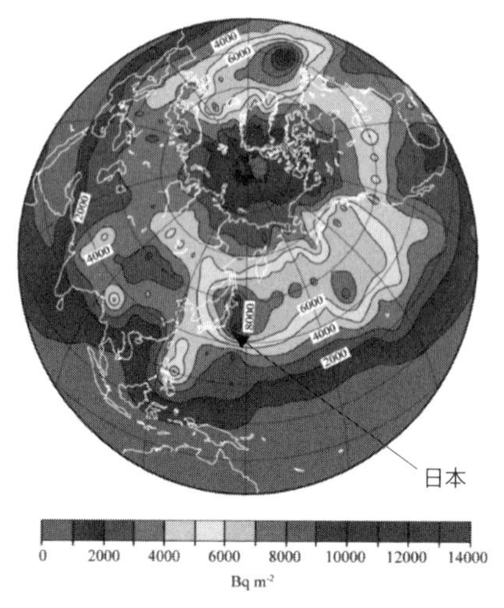

図 7-2　北半球に降下したセシウム 137 の分布（1970 年時点）（口絵 1）*7-2

に描かれています。セシウム 137 は，海洋からの暖かい空気と上空の冷たい空気（成層圏からの空気が含まれています）がぶつかり低気圧が発生して，雨や雪が多く降る地域にたくさん降っています。データ自体の空間分解能を上げられないので，わかりにくい部分もありますが，日本周辺，特に日本海側は降下量が多くなり，太平洋側のほぼ 2 倍となっていました。太平洋側の関東地方での降下量は，気象研究所の月別降下量の記録で代表させてもよいでしょう（**図 7-1 を参照**）。この記録では，セシウム 137 の降下量は，1957 年から福島第一原発事故前までに全量として約 7 千ベクレル毎平方メートルになります。福島第一原発事故による汚染でも同じでしたが，セシウム 137 は地表付近にとどまる傾向があります。セシウム 137 は耕耘や耕作によって表土が混ぜられたり，一部は降水によって流出したり，地下に徐々に浸透していきますが，同時に放射壊変によっても減ります。放射壊変による減少を考えると，福島事故以前では，核実験起源のセシウム 137 は 1 平方メートルあた

降下物：フォールアウトの直訳語。空から降り積もった物質を意味します。沈着物とほぼ同義です。本書では両方の表現が出てきます。
UNSCEAR：原子放射線の影響に関する国連科学委員会（United Nations Scientific Committee on the Effect of Atomic Radiation ; UNSCEAR）は，国際連合の下にある専門家を中心とした組織で，電離放射線によるヒトの健康と環境への影響を広範に科学的に検証することを目的としています。大気圏核実験がひんぱんに行われていた 1950 年代半ばに，電離放射線の程度と影響に関する情報の収集と評価のために設立されました。

り約 2 千ベクレル程度に減っていました。この量のセシウムが地表にあったときの地上から 1 メートル高さでの空間線量率は，国連科学委員会（UNSCEAR）報告書などで用いられる換算係数から，一年で 30 マイクログレイ程度と計算できます。**表 22-1** にある大地から受ける線量に比べ，1/10 程度でわずかといえます。

大気圏内核実験での性状とは

1954 年のビキニ事件では，はるか上空に舞い上がった放射性物質が，いわゆる「死の灰」として降下（沈着）しました。この「放射性降下物」が人工放射性エアロゾルの代表と言えるでしょう（**図 7-3** 左）。このときの放射性エアロゾルは，主にサンゴ礁に含まれる炭酸カルシウムでできた粒子で，核兵器の破片や核分裂で生じた放射性物質をたくさん含んでいました。このほか，核実験は，南洋の離島だけでなく，ネバダ砂漠，中央アジア，極域のノバヤゼムリヤ，タクラマカン砂漠，サハラ砂漠などさまざまな場所で行われました。したがって，核爆発が巻き込んだ物質が放射性核種を運ぶ役割を果たしていたでしょう。

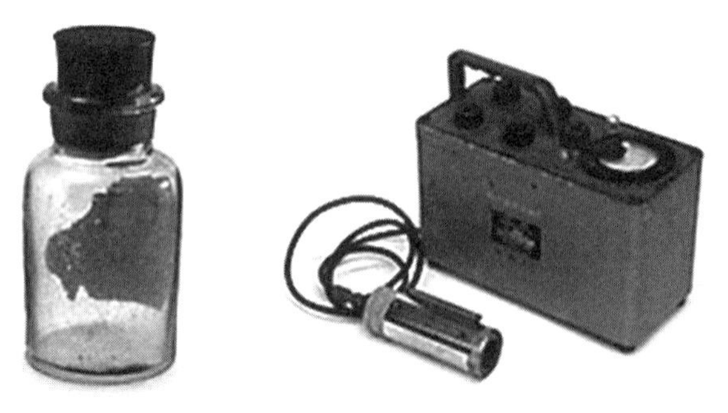

図 7-3　第五福竜丸で採取された放射性降下物（左）　ビンの下部にみえる白い物質がいわゆる「死の灰」と思われます。 当時の GM サーベイメータ（右）*7-4

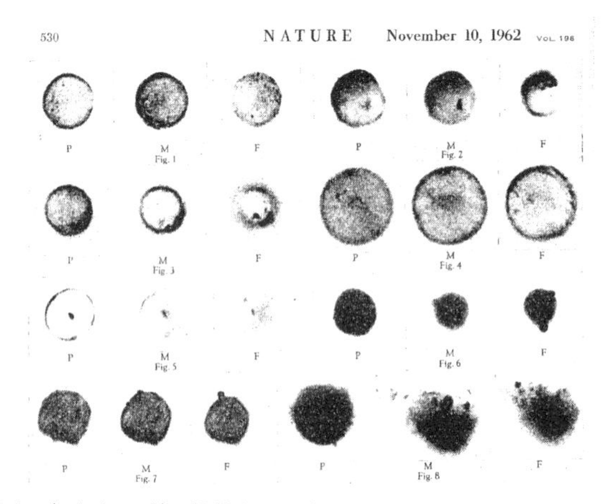

図 7-4　ネイチャー誌に掲載されたジャイアントパーティクルの顕微鏡写真の一部 *7-3

核実験のあった 1950 年代と 1960 年代は，放射能の測定技術はまだまだ発展途上であり，当時の主力測定器は GM サーベイメータ（**図 7-3** 右）で，ほとんどはまだ真空管方式でした。その当時にあっても，日本の研究者は放射性エアロゾルの正体解明に挑み，当時最先端の光学顕微鏡や電子顕微鏡も使って，日本の降下物試料から核分裂による放射性物質と兵器の破片から成る強い放射能をもつ放射性エアロゾルの一種「ジャイアントパーティクル」を発見しています（**図 7-4**）[*7-3]。これらは，10 ミクロン前後の粒径をもち，エアロゾルとしては大きい部類です。球状の形状から，高温で溶融したものが，落下する際に急冷して生じたと推定できます。これより小さな粒子もあったことは間違いないと推測されますが，検出されていません。たとえ検出できたとしても，それがどのような物質が主体であったのかは，当時の科学技術では解明できなかったでしょう。ジャイアントパーティクルに似たやや強く大きめの放射性粒子は，福島第一原発事故でも研究の結果，セシウムボールとして発見されています（**Q. 24 を参照**）。

天然の放射性物質の大気への放出

ほとんどのみなさんが人工の放射性物質について心配されても，天然のものについては心配されないようです。しかし，天然の放射性物質によっても被ばくは常に起きており（**Q. 22 を参照**），その被ばく影響やメカニズムには，人工も天然も区別はありません。天然の放射性物質はほとんどが地中にあり，主に石炭や鉱物として取り出す際に副産物として地表にさらされます。化石燃料は太古から長く地中深くにあることで，地下水などを通じ移って来たウラン，トリウム系列の放射性核種を多く含んでいます。アルファ線を放出する重要な核種として，ラジウム 226，ポロニウム 210 などがあり，ポロニウム 210 の親核種である鉛 210 も影響が懸念される核種です。

そうした観点からすれば，産業活動によって人為的に濃縮されたり，鉱石などの製錬や精製の副産物，あるいは廃棄物として出されたりしたものが大気中に大量放出されれば，問題となり得ます。これらは，天然放射性物質（Naturally Occurring Radioactive Material : NORM と略します）問題と呼ばれます。NORM 問題に対しては，チタン鉱石の「鉱滓」や「モナザイト鉱石」の不適切な処理問題が発覚して以降，「ウラン又はトリウムを含む原材料，製品等の安全確保に関するガイドライン*7-5」が作られ，規制される方向へと向かっています。

自然の放射性物質の重要な大気への放出源としては，先に挙げた石炭を燃やす石炭火力発電所やごみ焼却炉が想定できます。これらの核種が大気中に一番出やすい形態として考えられるのは，「飛灰」（フライアッシュ）です。通常に運転している原子力発電所よりも，放射性核種を多く含んだ石炭を燃やす石炭火力発電所からのほうが，放射性物質は多く出ているという計算もあります。しかし，石炭火力では環境対策として高効率の集塵処理装置が設備されており，その排出低減が十分に行われています。また，飛灰は道路の舗装材など，さまざまな形態で再利用がなされていますが，被ばく影響は発生しないと考えられています。集じんフィルターがきちんとついていれば $PM_{2.5}$ などの粒子やそれに付着する放射性物質も取り除かれて，きれいになった排気が煙突から出ていくはずです。日本もかつては二酸化硫黄やばいじんなどによる大気汚染がひどく，ぜんそくなどが頻発していました。今は排煙の脱硫技術が普及し，集じん装置が設置され，きちんと稼働しきれいな空に戻っています。

原子力発電所事故による放出

チェルノブイリ原発事故の例

1986年4月に発生した旧ソ連のチェルノブイリ原子力発電所事故では，放射性ストロンチウム，ヨウ素，セシウム，ルテニウム，プルトニウムなどが日本の各地で検出されています（**Q. 11，Q. 23を参照**）。福島第一原発事故との違いは，ストロンチウム，ルテニウム，プルトニウムなどの放出量が数桁多いということです。特に福島第一原発事故では，ルテニウムの放出が認められません。これは，チェルノブイリ事故では原子炉本体の爆発があり，非常に高温になったことや外気と核燃料が接して酸化が進んだことが原因と推測されます。この事故では，福島第一原発事故よりも多い量の放射性物質が環境中に放出されました（**表7-1**と**表24-1**を比較参照ください）。

チェルノブイリ原子力発電所事故では，火災による大量の放射性エアロゾルの放出は10日間程度も続いたとみられ，その間風向は大きく6方向に変化し，ヨーロッパの広い地域を汚染しました。それぞれの地域で雨や雪に混ざり地表に沈着し（水に関係する沈着を「湿性沈着」と呼びます），またある地域では放射性エアロゾルがしずしずと重力で落下するか，風によって地表の物体や地面に衝突・付着して（水が関係しない沈着を「乾性沈着」と呼びます），放射性物質が地表に残りました。オーストリア政府は研究機関の調査したデータをもとに，湿性沈着が8～9割，乾性沈着が1～2割として国民に情報提供しています。また，レタスなどの葉物野菜やカリフラワー，トマト，グリーンピースを規制し，子供は砂場で遊ばないように，など

バックグラウンド：環境中にはバックグラウンド，すなわち背景としての放射線，放射能が常に存在します。そのような極めて低い水準のことや背景放射線を意味して「バックグラウンド」と言います。

の対策を示しました。ヨーロッパ全体におけるセシウム 137 汚染は，それまでにあった核実験と同程度の量が一度に降ったと見積もられています。また，5 月初旬には日本各地でもチェルノブイリ事故由来の放射性物質が観測されました（**Q. 11, Q. 23 を参照**）。

スリーマイル島原発事故など小規模な原子力事故の例

他に海外での原子力発電所の事故と言えば，1979 年の 4 月 28 日に起こったアメリカ合衆国のスリーマイル島原子力発電所事故が挙げられます。冷却水が意図と異なり水蒸気の形で放出され続け，手違いにより冷却水が停められた結果，核燃料が熱で融けて，粒子状の放射性物質と放射性ガスが福島第一原発事故と同様の形で放出されました[*7-6]。しかし放出量が多いとは言えず，大気中核実験の影響も大きく残っていたため日本ではスリーマイル島事故の影響だとわかるほどの変化は捉えられませんでした（アメリカ原子力規制委員会；**図 7-1 も参照**）。また原子力発電黎明期の 1957 年にはイギリスウィンズケール原子炉で火災が起こり，放射性物質の放出が起こりました[*7-7]。当時は米ソ冷戦と核軍拡，大気圏内核実験が行われており大気は放射性物質で汚れていました。福島第一原発事故と比べるとセシウム 137 の放出量は 3 桁小さいため（**表 7-1 を参照**），仮にこの事故が放射性物質の降下量がバックグラウンドまで減少していた福島第一原発事故直前の時期に起きたとしても，日本では検出できなかったでしょう。

大きさはどのように測定しますか？

Question 8

Answerer 長田 直之

大きさの違いからわかること

人の内部被ばくを知るには，放射性物質の種類と量の情報が重要です。さらに放射性エアロゾルの大きさも重要です。以下では**Q. 3 の図 3–2** を参照しながら，読んでいただくとより理解が深まると思います。エアロゾルは大きさによって空気中での動き方がまったく異なります。10 ミクロン（1 ミリメートルの 100 分の 1）よりも大きなエアロゾルは，身近な大きさの粒子，例えば野球のボールなどに近い動きをします。大きなエアロゾルも空気の動き，すなわち風に乗って飛ばされます。ところが，空気は壁などにあたると曲がって壁沿いに進みますが，大きなエアロゾルは一緒に曲がることができず，勢いがついたまま壁に衝突します。エアロゾルが湿って柔らかであれば壁に付着しますし，乾燥して固ければ跳ね返ってまた風に乗ります。また，ある程度湿った環境では水を取り込んで空気中でさらに大きく重くなり，地表面に落下します。

エアロゾルがもっと小さい場合は，風に乗ってほとんど空気と同じ動きをします。大きなエアロゾルのように壁にあてるためには，より速い空気の流れで吹き付ければよく，曲がり切れずに壁に衝突します（エアーブラシを想像するとよいかもしれません）（**図 8–1**）。この動きの差を利用してエアロゾルの大きさに応じて分けて集め，どの粒径範囲のエアロゾルの個数が多いか少ないかを判別します。こうした粒径を分けるための分離装置をインパクターと言います（**図 8–2**）。その分離装置にもよりますが，あらい区切りでは 3 段階，10 ミクロン以上，10〜2.5 ミクロン，2.5 ミクロン以下に分けます。10 ミクロン，2.5

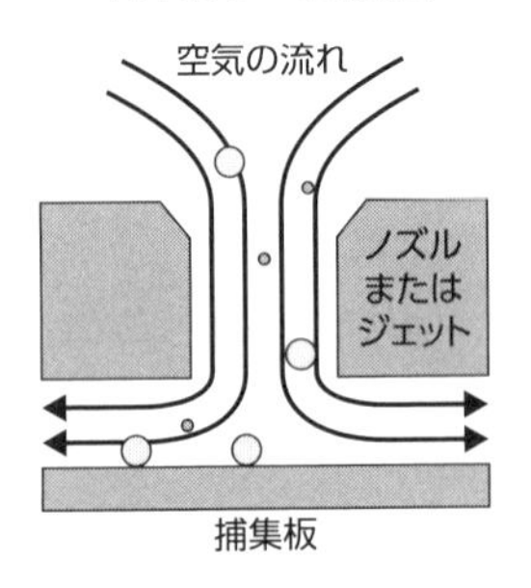

図 8-1　インパクターの原理*8-1
大きなエアロゾルは壁にぶつかり捕集板に捕まりますが，小さなエアロゾルは空気の流れに乗り，捕まりません。

ミクロンという区切りは，$PM_{2.5}$ や PM_{10} で使用します。研究者が使うものでは 10 段階ぐらいに細かく分け，どの大きさのエアロゾルが多いのかを測定しています。**Q. 24 の図 24-2** のデータはこのような方法で得られています。こうしたエアロゾルの分け方を「空気動力学的分粒」と呼びます。放射性エアロゾルは呼吸気道内で同様の動きをします。大きなエアロゾルは鼻や喉の壁に衝突し沈着します。小さなエアロゾルは吸い込んだ空気とともに肺の奥まで入り込みます。呼吸気道の沈着部位，沈着量の違いを左右するという点からも，エアロゾルの大きさは重要です（**Q. 15 を参照**）。

インパクター法は主にミクロンサイズより大きなエアロゾルの大きさを分けるために使われます。例えば，$PM_{2.5}$ は大きさが 2.5 ミクロン以下の粒子としか言っていません。その中でもさらに細かいナノサイズ粒子の大きさを測ろうとすると，いくら吹き付けても壁には衝突してくれず，インパクター法では困難になってきます。ナノサイズのエアロゾルは普通のエアロゾルとはまったく異なる動きをし，まっすぐ進むということはほとんどありません。この動きは気体分子の動きとほぼ同じで，英語ではランダムウォークと呼び，フラフラとあちこちへ動い

図 8-2　インパクターの実例 LP-20 型*8-2
捕集版に捕まる粒径を大きい方から小さい方へ少しずつ変えたインパクターを複数段に積み重ねて使用します。

ています。これは空気中の気体分子とエアロゾルの大きさが近くなり，気体分子と衝突するだけでエアロゾルの動く向きが変わってしまうからです。エアロゾルが小さくなればなるほど，気体分子の影響を受けフラフラ具合が大きくなり，まっすぐ進める距離は短くなります。ナノサイズのエアロゾルを含んだ空気を数ミリメートルの直径の管を通そうとすると，小さなエアロゾルほどフラフラして壁にぶつかり管を通り抜けることができません。むしろ大きいエアロゾルの方が通り抜けやすいのです。この性質を利用した測定法を「拡散バッテリー法」といいます。数ナノメートルからサブミクロン（1 ミクロン以下）の放射性エアロゾルの測定に用いられます。放射性でないナノサイズエアロゾルは，粒子に電気を帯びさせ電気的な動きやすさが大きさで異なることを利用して分ける（**Q. 25 を参照**）など，ほかの便利で早い方法があるために，この方法は使われなくなってきています。

エアロゾルの大きさと成り立ち

これまでエアロゾルの大きさと一口に言ってきましたが，実はまんまるの球形粒子の直径というのが前提でした。そもそも粒子という名前が球形を想像させますが，エアロゾルの成り立ちが液体でない限り，丸いものはあまりありません。その液体ですら，水滴の絵のようにまんまるでないこともあります。黄砂やサハラダストのような土ぼこりであれば，いびつな石ころのような形をしたものもあるでしょう。アスベストの粉じんなどであれば，繊維状ですので，細長いものが空気中に浮いています。車や電車のブレーキから出る金属片などもありますが，それは金属が削れたとげのような形状かもしれません。しかもエアロゾルが何でできているかによって同じ大きさでも重さも異なります。先ほどのインパクター法では壁に吹き付けることでエアロゾルの大きさを分けていましたが，同じ大きさ同じ形のエアロゾルでも水滴と金属片では重さが違うので壁にあたるかどうかも違ってきます。同じ大きさでもピンポン玉とゴルフボールでは飛び方が違うのは，容易に想像できます。そこで，このエアロゾルの動きの違いを使った方法でエアロゾルの大きさを測定したときは上記のように「空気動力学的径」といい，エアロゾルが何でできていようとも比重を 1 としてまんまるの粒子だとみなしてしまうのです。本当にそのエアロゾルの大きさを知りたい！どんな形なの？というときは顕微鏡を使います。必要であれば撮影し，実際に目で見て大きさや数を観察します。光学顕微鏡で見えなければ電子顕微鏡を使います。成分も分析したい場合は電子顕微鏡にエックス線分析装置を追加して成分分析を行います。しかし，普通は空気中にある状態でどのような動きをするかが大事なので空気動力学的径で表現し，人間や気候に与える影響を推定するには十分と考えられています。

エアロゾルは全部が同じ大きさというわけではなく，一番個数が多いエアロゾルの大きさの前後に少しずつ大きなエアロゾルも小さなエアロゾルも存在し粒径には分布があります（**Q. 3 の図 3-4 を参照**）。したがって，エアロゾルの大きさは真ん中の順位（中央値，メジアン）や平均値がエアロゾルの代表となり，どれぐらいの大きさなのか，また，それより大きいものや小さいものの分布具合がどうなのかを表現する数字(標準偏差)をつけて示します。学校などの試験も同様の分布を持ち，平均点 70 点のテストであれば，全員が 70 点ということはなく，70 点近辺の人が一番多く，それよりも少ない人も多い人も満点の人もいる中で，そのグループの代表点は 70 点で 6 割の人は平均の前後 10 点の範囲にいますという表現と同じことです。ほかにも粒子の大きさについてはいろいろな表現方法がありますが，それは「みんなが知りたい $PM_{2.5}$ の疑問 25」（日本エアロゾル学会）に詳しく記されているので，そちらをご参照ください。

原発事故による放射性エアロゾルの特徴

放射性エアロゾルの大きさは，同時にその場に存在している一般の大気中のエアロゾルの大きさと違うことがあります。したがって大気エアロゾルの大きさを測定しても，実は放射性エアロゾルの大きさは全然違った，ということもあります。これはその放射性エアロゾルがどのようにしてできたかにも関係してきます。放射性エアロゾルは，放射性物質が通常のエアロゾルの表面に付着してできることが多いため，大きなエアロゾルに付着していることが多くなります。これは大きな粒子の表面積は大きいために，1 個あたりでは付着する確率が上がるからです。また，ここでもうひとつ仮定があり，1 個の放射性エアロゾルには 1 個の放射性物質の原子が付いている，とみなしています。通常の大気中でエアロゾルは，1 リットルあたり数万から多ければ数百万個も存在します。しかし，天然の放射性物質の原子の数はせいぜい数個から数十個ということがわかっています。そうすると普通のエアロゾルには放射性物質の原子が 2 個付くことは，滅多にないだろうと推測されるからです。

原子の数を数えるということは普通の科学では行われませんが，放射性物質を取り扱う上では注意しなければいけないことですし，興味深い点でもあります。水素の場合，たった 1 グラムで原子の数は 10^{23} 個もあるのです。数千個や数万個程度の原子の取り扱いでも普通の科学では困難なことですが，放射性物質の科学ではそのような少ない数の（少なく思われないかもしれませんが）原子を相手にしています。しかし，原発事故や核実験では環境中へ放射性物質自体が大量に放出されているため，1 個の放射性エアロゾルに 1 個の放射性物質の原子しかついていない，という仮定が成り立ちません。今回の福島第一原発事故でも，粒子 1 粒に放射性物質のセシウム 137 が大量に含まれているものが見つかっており，その成り立ちが事故の原子炉内での経緯を探るのに有力なものとなると考えられています（**Q. 24 を参照**）。

放射性エアロゾルの大きさは，もともと空気中に存在し付着したエアロゾルの大きさとほとんど同じか，少し大きいことが予想されます。その放射性エアロゾルの大きさについては AMAD（Activity Median Aerodynamic Diameter，空気力学的放射能中央径）などと表現します（**Q.3，Q.23を参照**）。測定はどこの機関でもできるというものではないので，より容易なもともとの空気中のエアロゾルでかわりに代表させたり，空気中のエアロゾルに付着するものとして計算で求めたりします。

福島第一原発事故によって放出された放射性エアロゾルについては，茨城県つくば市にある産業技術総合研究所で測定されており，1ミクロン程度と報告されています。この値はもともと存在する硫酸エアロゾルなどの粒径と近く，それらに放射性セシウムが付着してできたものがつくば市でみられたと考えられます。もっと大きなエアロゾルも存在したかもしれませんが，原子力発電所の近くで地表面に落下していると推測されています。**Q.24**で詳しく述べます。

濃度はどのようにして測るのですか？

Question 9

Answerer 長田 直之・五十嵐 康人

放射性エアロゾルは一般のエアロゾルと違い，1立方メートルあたり何個（個数濃度といいます；**Q.3を参照**）というようには測りません。放射性物質の濃度を測ります。エアロゾルですからそのまま空気中で測ることができればよいのですが，それは今のところできないため，一度何かに集めて測定する方法が用いられます。一般的には空気をポンプで吸い込んで，エアロゾルをフィルター上に集め，集められた放射性エアロゾルから出る放射線を放射線計測器で測定します。地下室など，土や石，コンクリートで囲まれたところは，これらの物質に親核種である（ウラン系列の）ラジウムが含まれることから，ラドンが放出されています（**Q.2を参照**）。家庭用の掃除機で部屋の空気を吸い込んだ程度でも，フィルターにはラドンを元にした放射性エアロゾル（**Q.2を参照**）が多く集められ，これに放射線検出器をあてると放射線量の増加を確認することができます。

さらに，放射線のエネルギーは放射性核種ごとに決まっているので，これを利用して種類を特定します（核種の同定）。例えば，リン32（DNAの研究に用いられます）から放出されるベータ線はアルミホイルを通り抜けてきますが，トリチウム（蛍光物質に用いられます）から放出されるベータ線は食品用ラップさえ通り抜けることができません。アルファ線，ベータ線，ガンマ線は，それぞれシリコン半導体検出器，液体シンチレーションカウンター，ゲルマニウム半導体検出器を用いて，その数とエネルギーを測定します。放射性核種の同定には放射線の種類やそのエネルギーだけではなく，半減期（**Q.6を参照**）

半導体検出器：放射線検出器の一種で，固体中で生ずる電離を増幅して放射線を検出します。純粋なケイ素やゲルマニウム金属結晶はほとんど電流を流しませんが，そこに不純物を混ぜると性質が変化します。電子が不足した穴に例えられる正孔をもつ状態のＰ型半導体と，反対に電子が過剰な状態のＮ型半導体があります。この二つを結合させ，電圧を加えてＰからＮへ電荷が流れない状態を作り出します（空乏層）。この空乏層へ電離放射線が入射して電離が生ずると，電圧により正負の電荷は両側の電極へ集荷されてパルスが発生します。このパルスの大きさは検出器に与えられたエネルギーに比例するので，放射線のエネルギーを知ることができます。入射した放射線の数とエネルギーから，ガンマ線のエネルギースペクトルを得ることができ，そのエネルギーから核種を，放射線の数から放射能を知ることができるため，現代の放射線測定器の主流になっています。

液体シンチレーションカウンター：放射線は物質を電離するだけでなく励起状態も作り出します。そのため，ベータ線放出核種であるトリチウム，炭素 14 などの測定に液体シンチレーションカウンターがしばしば用いられます。これらの核種を有機溶媒に溶かし，さらに蛍光試薬を加えると，溶媒中で放射線のエネルギーは蛍光物質の励起に使われ，その後蛍光として検出されます。この蛍光を精密に測定する装置が液体シンチレーションカウンターです。蛍光の数は溶媒中で発せられた放射線の数に比例するため，放射能を求めることが可能となります。ベータ線しか放出しない核種やそのエネルギーが小さい核種の定量に使われます。

を利用することもあります。

放射線は原子核が別の種類の原子核に変化（壊変）するときに放出されます。よく耳にするベクレル（Bq）という単位は，1 秒間に原子核が 1 つ壊変する（1 ベクレル）ことを意味しています。ただし，次のような場合も 1 ベクレルとします。例

図 9-1　ゲルマニウム半導体検出器の例*9-1
タンクは液体窒素を入れる魔法瓶。タンクから飛び出している部分が検出器です。試料の形や測定の仕方に応じて，いろいろなタイプがあります。大きさは，高さが 1 メートル程度，タンク容積は 30 リットル程度が標準的です。基本的には，試料を検出器に密着させて置くような形で測定します。

えば，セシウム 137 は 1 壊変につきベータ線 1 本とガンマ線が 85% の割合で 1 本出て，原子番号が一つ増えてバリウム 137 になります。また，身近で肥料にも使われるカリウムを考えてみます。天然カリウム（原子量 39.1）の 0.0117% はカリウム 40（半減期 12 億 5 千万年）であり，言い換えればカリウム 1 グラム中にカリウム 40 が約 30 ベクレル含まれていることになります。カリウム 40 が 1 回壊変をすると 89.3% の割合でベータ線または 10.7% の割合でガンマ線が放出されアルゴン 40 に変わります。これらも 1 壊変，つまり 1 ベクレルとして扱います。

ベクレルという単位は世界標準の SI 単位系にそって決められたもので比較的新しく，昔はキュリー（Ci）が使われていました。温泉の表示ではマッヘという単位もありますが，どちらもベクレルへ順次切り替わっています。それぞれ 1 キュリーは 37 ギガベクレル，1 マッヘは 14 ベクレルです。

放射線測定では，放射性物質が多ければ量も種類もすぐわかりますが，少ない場合に正確に測ろうとすると数日間も測定を続けることになります。ガンマ線はものがあっても通り抜けて検出器まで到達しますが，アルファ線やベータ線は物質を透過する力が弱いため，これらを放出する放射性物質を分離して取り出さないと，他の物質と混ざったままでは周辺の物質に吸収されてしまい，正確に検出できません。つまり，アルファ線やベータ線しか放出しない放射性物質もあるため，必要に応じて化学薬品を使って分離操作をして目的の放射性核種だけを取り出し，アルファ線用・ベータ線用の放射線検出器を使って測定します。例えば，今回の福島第一原発事故で報じられたストロンチウム 90 はベータ線しか放出しないために，測定には化学操作による分離が必要です。公に認められた方法を使うと，分離から測定まで，1 か月程度かかります。化学分離をできるところ，放射線測定をできるところはそれぞれありますが，両方の操作ができる研究機関や大学は少ないため，測定結果が出にくくなっています。

身体の中に入った場合，測ることができますか？

Question 10

Answerer　福津 久美子

放射性エアロゾルに含まれる放射性核種がガンマ線を出す場合は，身体の外から測定することができます。これは，放射性エアロゾルの利点で，一般的なエアロゾルとは違う点です。例えば，中皮腫の原因となるアスベストは，アスベストがある部分に病変が見られるようになってからでないと，胸部エックス線撮影で見つけることは難しいようです。放射性エアロゾルの場合は，エアロゾルに含まれる放射性核種が放射線というシグナルを自ら出しているので，そのシグナルである放射線を測定することで，肺や身体の中に取り込んだことを確認することができます。では，実際どのように測定することができるのかを説明します。

体外計測装置のはなし

身体の中にある放射性核種を，身体の外から測定することを，体外計測といいます。放射性エアロゾルを吸い込んだことが明らかなときは，肺を集中的に測定するために肺モニタを使う場合もありますが，多くの場合は全身を測定するホールボディカウンタ（Whole Body Counter：略して WBC）を使用します。放射性ヨウ素の場合は，甲状腺に集積することがわかっていますので，甲状腺モニタで測定します。放射性核種から出てくる放射線にはいろいろな種類があります（**Q. 17 を参照**）。身体の外側で測定できるのはガンマ線です。そのため，ほとんどの体外計測装置はガンマ線を測定します。体外計測装置では，測定しているときに体内に存在する放射性核種の種類と量を測定することができます。

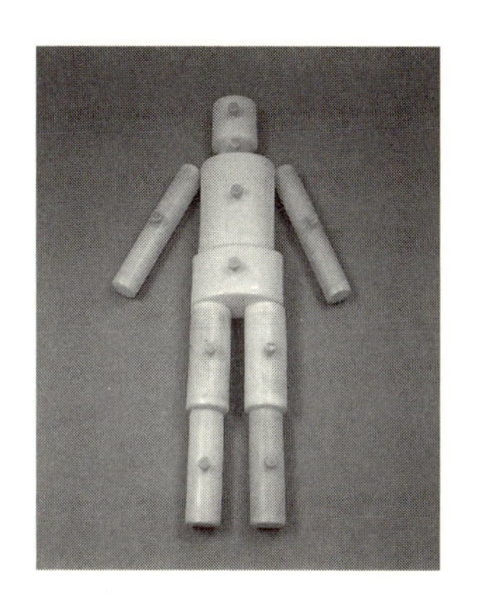

図 10-1 BOMAB ファントムの写真*10-1

余談ながら，身体の外側から検出するのが難しいアルファ線やベータ線しか放出しない放射性核種の場合は，体外へ排出された尿や便を分析定量するバイオアッセイ法を用いて，体内に取り込んだ放射性核種の種類と量を評価する方法があります。体外計測装置での測定に比べて，時間と手間がかかります。

ファントム

体外計測装置が他の放射線検出装置と違う点は，測定対象が人であるということです。そのため，人の身体の中にある放射性核種の種類や量を正しく測定するために必要な「校正」という作業を行うときに，人の身体を模した「ファントム」を使用します。**図 10-1** に示すのは，米国規格（ANSI N13.35）に規定されている標準ファントム（BOMAB ファントム）です。複数個の円筒ボトルで構成されており，ボトルの中に既知の放射性核種の溶液を既知量入れた状態で校正に使用します。

校正

校正は，放射線検出器で放射性核種の種類と量を正確に測定するために欠かせない作業です。

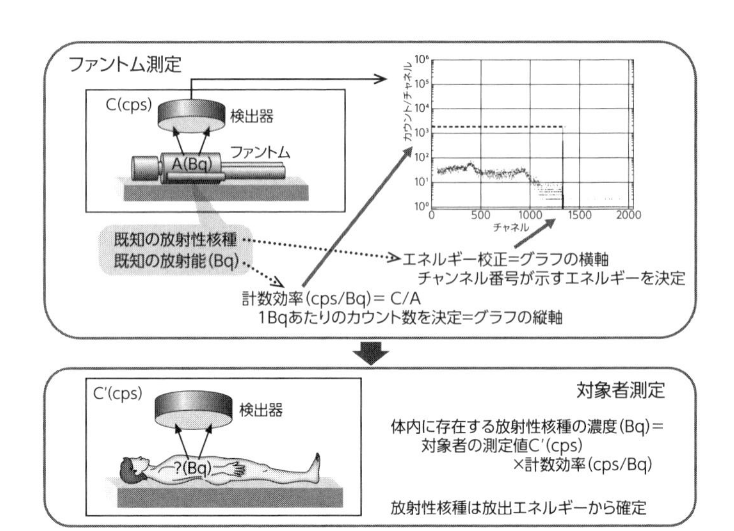

図 10-2　ホールボディカウンタの校正と対象者測定の関係

まずは，ガンマ線エネルギーの校正です。放射性核種の壊変では，それぞれ固有のエネルギーを持った放射線を放出します。つまり，放出された放射線のエネルギーを調べることで，放射性核種の種類がわかります。検出器側では，エネルギーの大きさに応じてそれぞれ違ったチャネル番号に放射線が放出されたことが記録されます。どのチャネル番号にどのようなエネルギーの大きさが検出されているかの関係を決めることがエネルギー校正です。グラフの横軸にあたるエネルギーを正確に決めるための作業です。

次に，放射性核種の量（ベクレル；Bq）を決めるために重要な測定効率の校正です。放射線検出器では，1 秒間に放射線がいくつ放出されたか（カウント毎秒；cps（count per second)）を計測します。この cps という計測値が，何ベクレルに相当するかを換算するために，効率校正が必要です。既知量を計測することで，cps とベクレルとの正しい関係を決めることができます。

以上の校正作業をまとめたのが，**図 10-2** です。

バックグラウンド補正

体外計測装置で測定対象となるガンマ線は，地球上に発生源がたくさんあります。そのため，測定されたガンマ線が体内から発せられているのか，周りの環境から発せられているのかを明らかにしなくてはなりません。人やファントムを置かない状態（バックグラウンド）で測定し，その値を差し引いた正味値が人やファントムから放出された放射線となります。

被ばく線量シーベルトの説明

身体の中に入った放射性核種によって健康に悪影響が出るかどうかは，入った量に左右されます。放射性エアロゾルの場合，どのように身体の中に入るのかについては，**Q. 15** で詳しく説明します。入った量の単位はベクレル（Bq）です。これに対して，放射線の種類による人体影響の違いと臓器ごとでの放射線影響の出方の違いを考慮して，どれだけ被ばくするかを示すのが実効線量で，単位はシーベルト（Sv）です。シーベルトの詳しい説明は**Q. 17** にあります。放射性エアロゾルなど放射性核種が人の体の外側にある状態で被ばくすることを外部被ばく，呼吸などで身体の中に取り込んでしまった状態で被ばくすることを内部被ばくといいます。どちらの被ばくも，実効線量であるシーベルトという単位で表された数字が同じであれば，人体影響は同じということになります。外部被ばくの場合は，線源から離れることで被ばくという状態が終了します。しかし内部

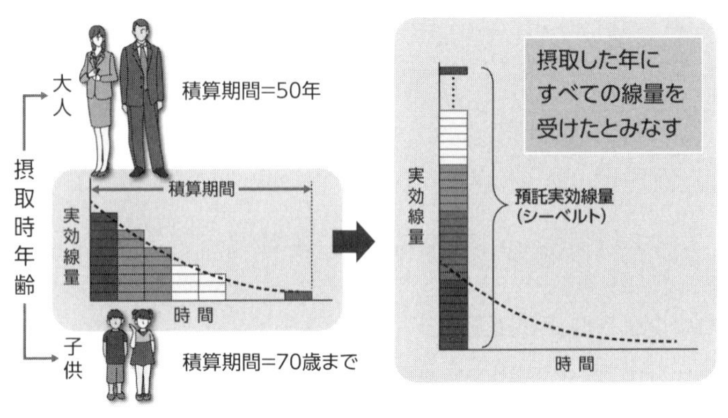

図 10-3　預託実効線量の考え方
＊10-2 p.35 の図をもとに作図

被ばくの場合は，身体の中に線源が存在する間，被ばくし続けることになります。そこで，職業被ばくと成人に対しては 50 年間，乳幼児や子供に対しては 70 歳までの期間の被ばく線量を計算します。さらに，内部被ばくの場合には，預託実効線量といい，実効線量に預託という修飾語がつきます。預託実効線量の概念を示したのが**図 10-3** です。放射線作業をする人の被ばく線量は 1 年単位で管理するため，50 年間の内部被ばく線量を，放射性核種を摂取したその年にすべて含めることになっています。そのため，預託＝一度に預ける＝ 1 年に預ける，という考え方になっています。

実効線量の計算の仕方を**図 10-4** に示します。実効線量は，放射線被ばくによる全身影響を表すものです。ただし，直接測定できるのは体内にある放射性核種の量であって，実効線量は測定値をもとに計算によって求められる値です。

内部被ばく線量評価の説明

身体の中に取り込まれた放射性核種は，身体の中からなくなるまで，放射線を出し続けることで，内部被ばくを起こします。

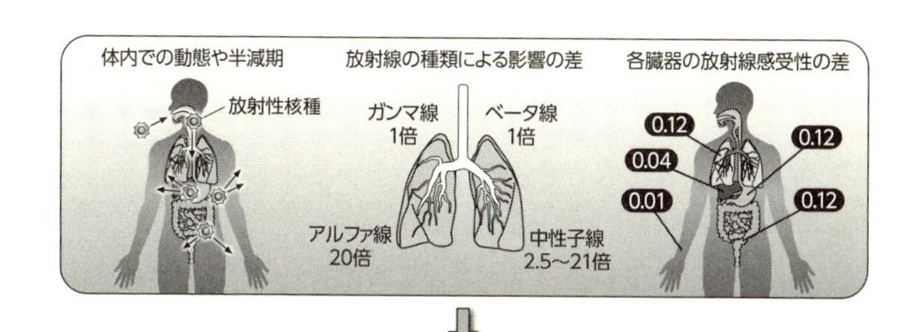

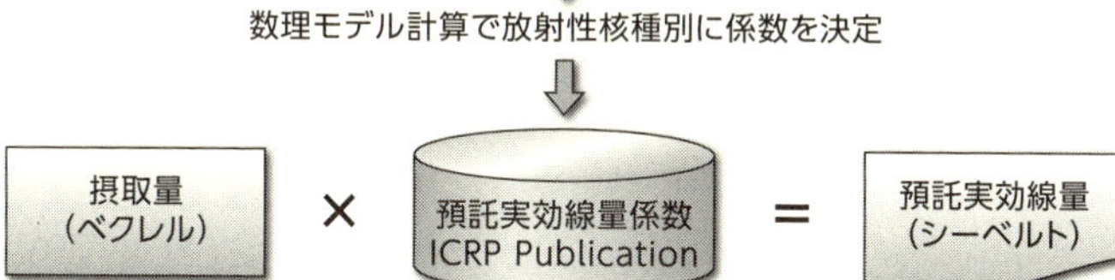

ホールボディカウンタなどで体内存在量（ベクレル）を計測

図 10-4　内部被ばく線量の算出
＊10-2 p.44 の図をもとに作図

その間，内部被ばく線量は加算されることになります。ただし，身体の中に取り込まれた放射性核種は，いつまでも同じ量が身体の中にはあるわけではなく，その量は次第に減っていきます。放射性核種は，それぞれ固有の半減期（物理学的半減期）を持っています。半減期とは，放射能が半分になるまでの時間のことです（**Q.6 を参照**）。身体の中にあっても，環境中にあっても，放射性核種は，物理学的半減期に従って，放射能が減っていきます。身体の中に入った放射性核種は，身体の外に排泄されることによっても減っていきます（生物学的半減期）。この両方の半減期に支配されて（実効半減期），身体の中から放射性核種がなくなっていきます。したがって，内部被ばく線量を考えるときは，減っていくことも考慮した上で計算することになります。

放射性エアロゾルの場合は呼吸によって取り込まれますが，食品や飲料水を取ることで口から取り込む場合，傷口から入り

ICRP：国際放射線防護委員会（ICRP: International Commission on Radiological Protection）は，1928年に電離放射線の被ばくによるがんやその他の疾病の予防や，環境影響を低減することを目的に設立。メンバーはボランティアで参加する世界の専門家。主委員会，5つの専門委員会と事務局で構成。ICRPの勧告は，Publicationとして出版され，拘束力はないものの，各国の放射線安全基準の基礎として尊重されています。

込む場合など，身体の中に取り込まれる経路（摂取経路）が違うことで，身体の中に入ってからの動き（挙動）にも違いが出てきます。また，大人と子供では，体の大きさが違うだけではなく，排出されていく速度も違います。このような条件ごとの違いを考慮して，国際放射線防護委員会（ICRP）では，線量係数を決めています[*10-3, 4]。線量係数とは，放射性核種を1ベクレル取り込んだときに，どのくらいの線量（シーベルト）になるかを計算するための係数で，核種別・化学形別・摂取経路別・年齢別に示されています。

どのくらいの距離を移動しますか？

Question 11

Answerer 長田 直之・五十嵐 康人

チェルノブイリ原発事故の例

放射性エアロゾルは非常に長距離を輸送されることがあります。例えば，旧ソ連のチェルノブイリ原発事故では，放射性ストロンチウム，ヨウ素，セシウム，ルテニウム，プルトニウムなどが日本の各地で検出されています。この事故では，福島第一原発事故よりも多い量の放射性物質が環境中に放出されました（**Q.7 の表 7-1 を参照**）。しかし，チェルノブイリから日本まで 8000 キロメートルあまりも距離があるので，事故直後は日本にまで影響は及ばないと考えられました。ところが，実際には放射性エアロゾルが日本にも到達しました。地球の大気には境がなく，また空気は簡単に混ざらないため濃度がすぐに下がらないこと，大量であったことが主な要因ですが，現在の技術では非常にわずかの量で放射性物質が検出可能となっていることも理由のひとつです。ある一定量以上の放射性物質が地球のどこかで放出されれば，その出来事は世界各地のモニタリングネットワークによって検知されます。

1986 年 4 月 25 日，チェルノブイリ原子力発電所 4 号炉は発電運転中に試験を行い，その途中で設計に起因する欠陥により制御に失敗し，翌 26 日未明の午前 1 時 24 分に爆発炎上しました。地元消防隊やソ連陸軍化学部隊の必死の対策にもかかわらず，火災による大量の放射性エアロゾルの放出は 10 日間程度も続いたとみられ，その間風向は大きく 6 方向に変化し，それぞれの地域を汚染しました。それぞれの地域で雨や雪に混ざり地表面に湿性沈着し，またある地域では単に放射性エアロゾルが付着する乾性沈着により放射性物質が地表に残りました。

京都大学原子炉実験所：1963年に「原子炉による実験及びこれに関連する研究」を行うことを目的に，全国大学の共同利用研究所として京都大学に附置された研究教育機関。研究用原子炉（KUR）や加速器を有し，核エネルギーと放射線の利用に関する研究教育活動を行っています。放射性物質による環境汚染に関しても積極的に研究を行ってきています。

湿性沈着：大気中のガスやエアロゾル，さらにエアロゾルに担われた微量物質が雲，霧，雨，雪などの降水現象によって地表へ「沈着する」ことをさす用語。放射性物質の場合では，「グローバル・フォールアウト（全球降下量）」のように「降下」という用語を使い，酸性雨問題でも沈着と同義で「湿性降下物」が使われることがあります。

乾性沈着：大気中のガスやエアロゾル，さらにエアロゾルに担われた微量物質が，降水現象とは関係なく，地表へ沈着することを意味する用語。エアロゾルの場合，重力による沈降と風（乱流）によって地表面へ衝突することで沈着が起きます。

まず4月28日にスウェーデン南部のフォルスマルク原発の放射線モニターの値が上がりました。そこで自身の原発を点検しましたが異常はなく，スウェーデン国内の気象台など全域で異常な放射線量が測定されたことから，外国から（旧ソ連から）飛来していると推測されました。

日本には4月29日祝日の朝に情報が伝わり始めました。事故は結果的に北半球全域に影響を及ぼしました。当時日本には到達しないのではないかと考えられながらも，大阪府南部の京都大学原子炉実験所では観測体制に入ったと記録されています。雨水や大気エアロゾルのサンプリングで最初に放射性物質が検出されたのは5月3日の雨でした。5月5日の大気サンプリングによる空気フィルター測定データによると，ヨウ素131，

図 11-1　2007 年 5 月 28 日，ハルツーム空港における砂嵐
サハラ砂漠近くでも黄砂とほぼ同じ現象により砂塵が大気中へ巻き上げられています。
（写真提供：Sudan Meteorological Authority（鳥取大学乾燥地研究センター黒崎泰典准教授のご厚意による））

132，テルル 132，セシウム 134，136，137，ルテニウム 103 など原子炉からの放射性物質が検出されています。このときのヨウ素 131 の濃度は空気 1 立方メートルあたり 0.8 ベクレルでした。チェルノブイリからのセシウム 137 は，日本では過去の核実験全体の 3％程度に相当しました [*11-1]。

気象研究所では，1955 年から大気中から沈着する放射性物質の量を測定しています。同研究所は 1980 年に東京高円寺からつくばに移転していますが，場所が変わることで，桁が違うほど大きな差はないとみてよいでしょう（**図 7-1 を参照**）。この図の 1986 年の鋭いピークはチェルノブイリ事故によるものですが，それまでの 1）米ソ等による大気中核実験と，米ソに比べて遅れて始めて遅くまで続けた 2）中国による実験が，日本に降った放射性エアロゾルの，気象研究所での測定データの傾向のほとんどを決めています。チェルノブイリ事故だけを取り出した場合は，日本の国土では，平均で 1 平方メートルあたり 200 ベクレル程度のセシウム 137 の降下量で，ごくわずかなものでした（**Q.7 も参照**）。

黄砂による長距離輸送

黄砂は普通の砂ぼこりとそれほど違いはありません。また，「砂」と書くのですが，実態は粒の大きさがずっと小さい土ぼこり（〜10 ミクロン）です。アジア大陸の降水量の少ない砂漠や乾燥地域で非常に大規模な砂嵐が発生して（**図 11-2**），その結果，1000 キロメートル以上の長距離を輸送される土ぼこりが黄砂です。黄砂からは人工の放射性物質が微量ながら検出されます。その発生地域のひとつにタクラマカン砂漠があり，そこに中国の核実験場ロプノールがあることから，「黄砂は人工の放射性物質にまみれている」という一種の「都市伝説」が生まれたようです。確かに実験場周辺にはそれなりの放射能汚染はありますが，実験場周辺だけで黄砂は発生するわけではありません。主要な発生源には，タクラマカン砂漠に加え，モンゴル，内モンゴルにまたがるゴビと呼ばれる砂漠域もあります。

では黄砂からは，なぜ人工の放射性物質が検出されるのでしょうか？　過去の大気中核実験による放射性物質は，まだ地表に残っています。福島第一原子力発電所での事故の影響がないように見える西日本においても，精密に測定をすると，土の中からこうしたセシウムが検出されます。そのため，世界中のどの土からも，今でも，ストロンチウム 90 やセシウム 137 などの人工放射性核種が検出される可能性があります。地表面に落下したものが風に飛ばされ再び大気中に広がることを「再浮遊」または「再飛散」といい，大気中の放射性エアロゾルの生成過程の一つとして数えられます（**Q. 13 を参照**）。人体には放射線影響が出ないごく低い濃度ですが，砂漠などでは大量の土ぼこりが飛ばされるため，これに付着した微量な物質も一緒に飛びます。つまり再浮遊は，地球規模の放射性物質の移動を考える上で，無視できない要素になっています。また，特徴的な放射性核種の比率（例えばストロンチウム 90/セシウム 137 比など）を持つ場合は，その測定により再浮遊エアロゾルの起源を推定することができます。

また，よく似た話がヨーロッパにもあります。サハラダストが飛来するとわずかではありますが，大気中のセシウム 137 濃度が上昇します。サハラ砂漠の一角ではかつてフランスが核実験を実施していたため，黄砂と同様の心配がされたようですが，結論は黄砂の場合と同様で，大気圏内核実験による大規模な放射性降下物（グローバル・フォールアウト）に起源をもつ放射性物質が原因と考えられました。

雨が降るときに一緒に落下しますか？

Question 12

Answerer　五十嵐 康人

はい，雨が降ると放射性エアロゾルは地表に落ちてきます。著者らが子供のころ，放射性物質を含む雨にあたると毛髪が抜けるといううわさがありました。後半の「毛髪が抜ける」の部分はまったくの間違いですが，前半の「雨が降ると」の部分は多分に真実を含んでいます。まずは自然の放射性エアロゾルについてみて行きましょう。

自然の放射性粒子による降水時の線量率上昇現象

空気中にある自然起源の放射性物質としてはラドンが代表的です。ラドンの放射性同位体は，ラドン 222 と 220 の二つがありますが，気体であるため，地表面から放出されて大気中を漂います。これらは，それぞれ 3.3 日，1 分の半減期でアルファ線やベータ線を出して放射壊変していき，さらに壊変して鉛やビスマスの同位体となります。鉛やビスマスは金属で，一般の大気中に浮遊しているエアロゾル（大気エアロゾル）に凝縮し（くっつき），放射性エアロゾルとなります（**Q.2 を参照**）。大気エアロゾルは雲の核になったり，氷の核になったりして，雨や雪になって地表面に落ちたり，あるいは雨滴にたたかれたり，雪片につかまったりしても地上に落ちます。大気エアロゾルにくっついていた放射性鉛・ビスマスも一緒に地表に落ちます。

放射性の鉛，ビスマスは何度も放射壊変し，また一度にガンマ線を何本も放出します。雨や雪が降ったときにはこのガンマ線のため，空間放射線量率が上昇します。ときどき，放射性の鉛やビスマスが 1 平方メートルあたり数メガベクレルも沈着することがあります。放射性ラドンの空気中の濃度は，日本の

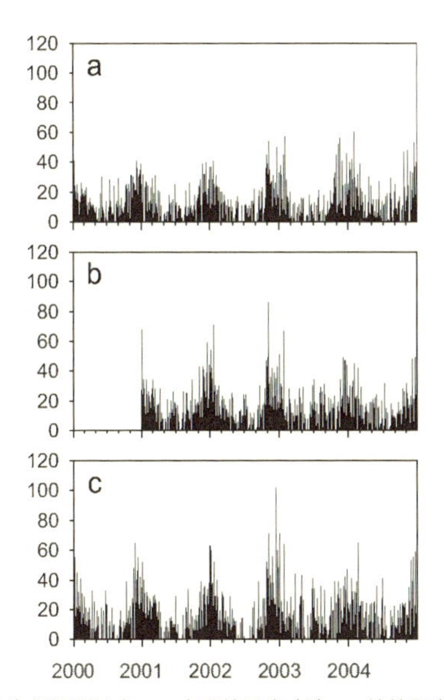

図 12-1　日本海側観測地点での空間線量率（ガンマ線線量率；単位はナノシーベルト毎時）の変動（1 時間測定値から日最低線量率を差し引いた値）横軸は年。a：北海道南幌似，b：新潟刈羽，c：輪島。秋・冬季にガンマ線線量率が上昇し夏季に低下します*[12-1]。

地表付近では，数～数十ベクレル／立方メートルあります。このような濃度をもつ 1 キロメートルくらいの厚みの大気が降雨によって効率よく洗浄されれば，1 平方メートルあたり数千～数万ベクレルが地表に沈着します。例えば秋・冬季の日本海側では大陸からラドン濃度が高い空気の塊がやってきます。これが，日本海から陸地に届くと急速に集まって（収束と言います）上昇し積乱雲が発生，降水が起きます。ですから，このような地理的条件・気象条件下では 1 平方メートルあたりにメガベクレルレベルの放射性鉛，ビスマスが沈着することは不思議なことではありません（**図 12-1**）。しかし，この線量率上昇は鉛 214（半減期 27 分）がその程度を左右するため，短時間で減衰し 1，2 時間程度しか継続しません。

図 12-2　火災による煙の拡がりの例。放射性プルームも同様の挙動を示します。

放射性エアロゾルによる環境汚染

気体状，粒子状の放射性物質を高濃度で含む空気の塊を「放射性プルーム」と呼びます（プルームは，煙のことです。目に見えない放射性物質の煙のようなものを想像してください）。放射性というのは原子核の性質で，放射性であっても気体や粒子としての挙動は，環境にある一般の気体や粒子と同じです。放射性エアロゾルも一般の大気エアロゾルとまったく同様に空気とともに流れます。また，プルームはたばこの煙のように空気と瞬時には混ざらずに，ゆっくりと広がりながら風に流されていきます（**図 12-2**）。このプルームの流れと降水が出会う（降水によって地面に落ちる）と汚染の程度が大きくなります。

プルームの流れは，基本的には高気圧・低気圧の強弱と発生源の位置に応じた地上近くの風の流れで決まります。福島第一原発事故の例を眺めてみましょう。数値シミュレーションによれば，事故直後の 3 月 12 日には，放射性プルームは福島県浜通りを北上したので，宮城県女川のモニタリングポストで放射線線量率の上昇が認められています。その後北西からの季節風によってプルームは太平洋へと向かっていましたが，低気圧が東進したことで，沿岸は 14 日深夜から北東からの風向きとな

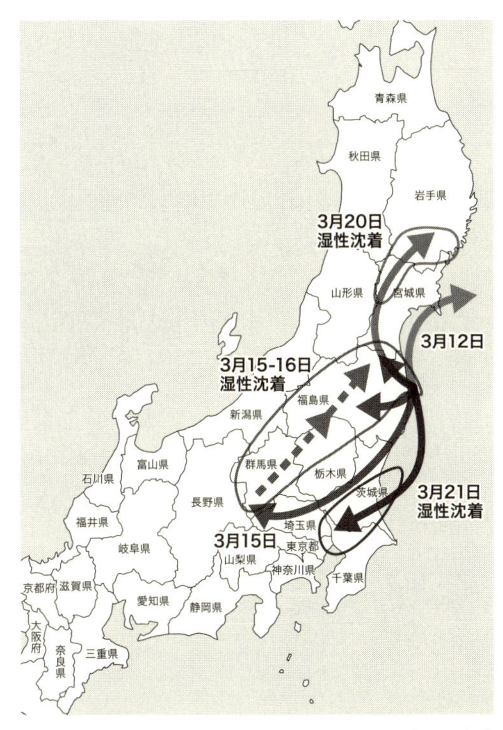

図 12-3　2011 年 3 月 21 日までの主要なプルームの流れた方向を描いた図
＊12-2 をもとに作図

りました。この風によりプルームは時計周りに向きを変え，福島県南部浜通りから茨城県北部を通って関東平野内部に向かいます。15 日には首都圏のみならず，静岡・群馬・栃木県へ到達しました。このとき，北関東では山にかかった雲や降水がプルームと重なったため，プルームから地表へ放射性物質が降り注ぎ，環境汚染を強めた（「ホットスポット」と言います）と考えられます。続く時計回りの流れでプルームは北上し，福島県中通りも汚染を受けました。福島第一原発から北西方向の最も汚染された地域は，この後にプルーム輸送と降水・降雪域が重なったことにより形成されたと考えられます。16 日には，

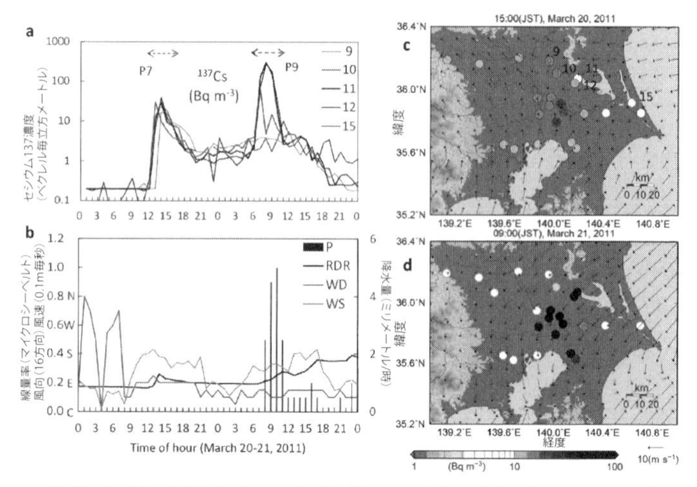

図 12-4 (a) 2011 年 3 月 20—21 日の 9,10,11,12,15 地点でのセシウム 137 濃度時間変動。図中の P7 と P9 は事故に由来する 7 番目のプルームと 9 番目のプルームを意味しています。(b) 降水量 (P), 線量率 (RDR), 風向 (WD), 風速 (WS)。3 月 20 日 (c) と 21 日 (d) の関東地方での各地点でのセシウム 137 濃度 (ベクレル毎立方メートル), 下部のカラーバー (対数) (口絵 2) を参照。＊12-3 より

プルームは海側から千葉北部をかすめます。18, 19 日にはプルームは北へ流れ, 福島県北部浜通りを通過します。その後, 20 日以降の数日間にわたって放出量が増加しました。このプルームは福島県北部浜通りを通過したのち, 北東の風に乗って再度首都圏, 関東地方を通過し, 降水と出会ったことで茨城南部, 千葉西部, 東京東部のいわゆるホットスポットを形成したことが知られています (**図 12-3 を参照**)。

Q. 25 で登場する一般の大気エアロゾル監視用の SPM 計の試料テープを用いて, 最近, 初期のプルーム輸送の状況を再構築しようとするこころみが行われています。**図 12-4 (口絵 2)** に SPM テープの放射能分析によって得られた福島第一原発事故によるプルームの流れのデータを例として示します。この

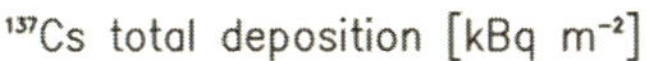

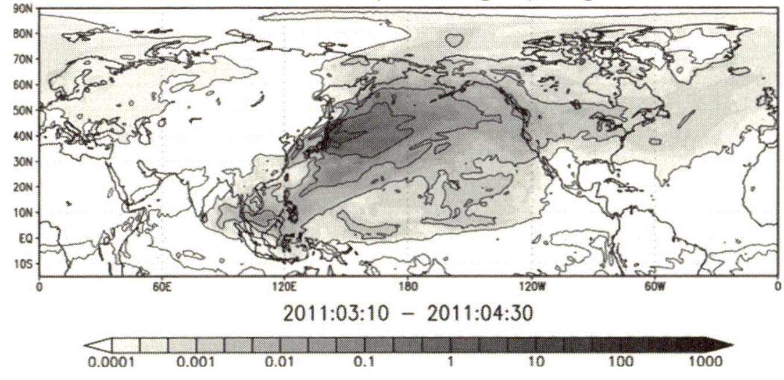

図 12-5　全球モデルシミュレーションの例
2011 年 3 月から 4 月にかけてのセシウム 137 の総沈着量（単位はキロベクレル毎平方メートル）。＊12-4 より

データ解析により，さらに詳しいプルームの流れがわかりました。

ところで，放射性プルームは北半球全体にも広がりました。特に低気圧が東へ通るときの温暖前線の上昇気流によって，空気の流れが速い「自由対流圏」の高さにまで到達したプルームは，上空の強い西風「偏西風」によって北太平洋を渡り北米に到達し，さらに北米を越えて欧州へ到達しました。また一部は北半球上空を周回しています（**図 12-5 を参照**）。プルームは拡散と降水によって徐々に放射性物質の濃度を下げ，普通の空気と区別がつかなくなります。もちろん半減期の短い放射性核種は自ら壊変して放射性ではなくなっていきます。放射性エアロゾルは，このようなメカニズムで大気中から地表や海洋表面に移行していきます。海洋の放射性物質による汚染は，海洋に直接放出された汚染水だけではなく，大気から降り注いだ放射性物資による汚染も影響しています。

放射性エアロゾルは全体としては空気とともに流れ，これまでに述べたプルームとして動きます。しかし，個々のエアロゾルについて考えると，エアロゾルの大きさ（粒径）や，雲粒・霧粒あるいは氷粒へのなりやすさの違いによって，大気から地表面への落ち方や除かれ方が違ってきます。粒径が 10 ミクロンに近い大きなエアロゾル（粗大粒子と呼びます）は，重力によって発生源の近傍に落ちる割合が高くなります。それに対し，粒径が 1 ミクロン以下の小さなエアロゾルの場合は，重力ではなかなか地表面には落ちにくく，大気中を長時間浮遊します（蓄積モード粒子）。もっと微小なナノレベルの超微小エアロゾルになるとブラウン運動によって活発に動くため，植生など触れたものの表面につかまりやすくなります。

エアロゾルの表面が水となじみにくいのか，それとも親水性なのかによって，雲粒へのなりやすさが変わってきます。親水性の雲粒になりやすいエアロゾルは霧として，あるいは降水によって大気から除かれやすくなります。さらに，降水や降雪によって，雲より下で大気中に浮遊するエアロゾルは捕捉され，地表面へ落下します。しかし，1 ミクロン以下の粒径の微小エアロゾルは降水や降雪によっても捕捉されにくく，大気中に残る傾向を示します。最新の気象モデルをもとにつくられたエアロゾル輸送モデル（**Q. 14 を参照**）は，このようなエアロゾルごとの特性をも考慮して計算を積み重ねて絵を描いています。

風が吹くと舞い上がりますか?

Question 13

Answerer　五十嵐 康人

ごくわずかですが，地表面を汚染した放射性物質は大気中に再び放出されていると考えられます。これを再度大気に戻るという意味で「再浮遊」とか「再飛散」と呼びます。**Q.11** の黄砂やサハラダストによる放射性物質輸送の事例もそのひとつと言えるでしょう。この過程はある種の「再分布」ともいえます。つまり，環境中で一度沈着した放射性物質は，その場にとどまる部分もありますが，一部は徐々に移動します。そのため，汚染が起こってからしばらくの間は，レベルは低いのですが，「再浮遊」によって大気には放射性物質が漂うことになります。別な表現をすると，どこかで新たな放射性物質の放出がない限り，空気中に放射性物質は検出できないはずです。しかし，実際には新たな放出がないときでも検出されることがあり，再浮遊が起こっていることがわかります。ただ，その濃度レベルは低いため，再浮遊した放射性物質による健康影響はないと思われます。再浮遊は，何らかの原因で放射性物質を担う，または付着した粒子が大気中へ巻き上がることで起きると考えられます。

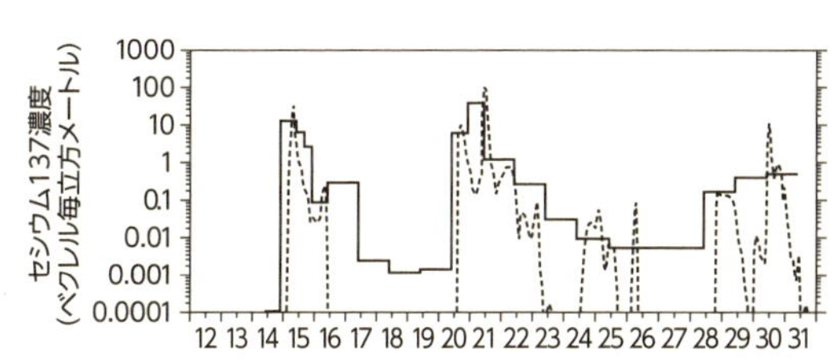

図 13-1　つくば市での 2011 年 3 月のセシウム 137 濃度（ベクレル毎立方メートル）の観測値（実線）と輸送モデルでの計算値（点線）の比較
横軸の数字は 3 月の日を示します。観測値は数時間～数日の平均値ですが，モデル計算値は 1 時間ごとの値で表されています*[13-1]。

図 13–1 に 2011 年 3 月の茨城県つくば市での大気中セシウム 137 の観測値とエアロゾル輸送モデル（**Q. 14 を参照**）によって計算した結果との比較を示します。この図では，観測値と計算値の食い違いが確認できます。計算値では，3 月 14～16 日にかけてのピークと 20～23 日にかけてのピークとの間に明瞭な谷間があります。しかし，観測値には谷はありますが，その谷は切れていません。この食い違いの原因のひとつに，輸送モデル計算では再浮遊を勘定にいれていないことが挙げられます。つまり，観測された値と計算値の差は，再浮遊が実際の環境では起こるために生じたと考えられます。これを前提に，地表面に沈着した放射性物質のうちのどれくらいの割合が再度大気へ出ていれば観測値を説明可能なのか，評価をこころみました。そうしたところ，毎秒あたり 1.6×10^{-6}～1.5×10^{-5} 程度の割合でセシウム 137 が汚染した地表面から大気へ出ていると評価されました[*13-1]。この値を「再浮遊係数」として，よく用いられる【大気中濃度】/【地表面汚染密度】比に直してみると，5.8×10^{-6}～1.7×10^{-5} 毎メートルになります。この単位は，ベクレル毎立方メートル（メートルの 3 乗）をベクレル毎平方メートル（メートルの 2 乗）で割るので，毎メートルが残るためです。過去のチェルノブイリ原発事故による環境汚染に対する再浮遊係数の評価を**図 13–2** に示しましたが，汚染が発生した直後の値としては，よく一致していると思われます。この値はあくまでも地表面汚染に対する割合ということしか述べておらず，どのような粒子の発生がこうした再飛散を引き起こしているかは何も示していないということに注意してください。

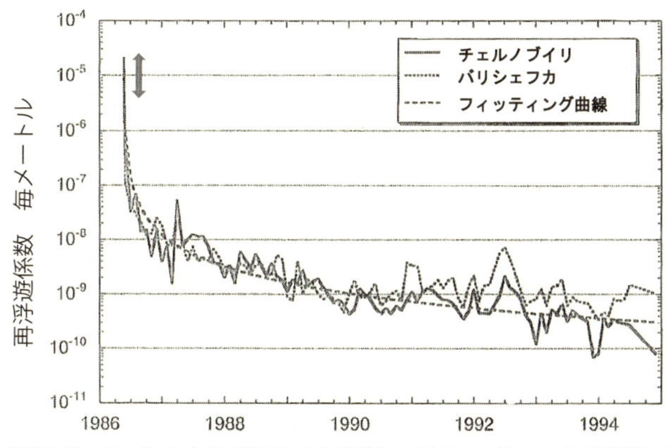

図 13-2　チェルノブイリ事故による汚染による二つの地点での「再浮遊係数」の経年変化（対数表記）*13-2
両矢印が本文にある福島第一原発事故に際しての値（つくば市での値の範囲；5.8×10^{-6}−1.7×10^{-5} 毎メートル）

さて，**図 13-2** にあるように，再浮遊係数は，時間がたつにつれて徐々に小さくなります。地表面の汚染は時間経過とともにより強く地表や土壌に固定されたり，降水によって深くに移動したりすることで，大気中へ再飛散しにくくなるためだと考えられます。この研究では，およそ 10 年間の時間経過とともに 5 桁ほどその再飛散量は小さくなるということが示されました。福島第一原発事故に係る大気への再飛散についても，このような状況に収まっていくことをしっかり監視することが大事ではないかと思います。

日本の環境とチェルノブイリ周辺の環境は，気候や地質の違いを反映して異なっています。そのため，再浮遊はまったく同じ過程で起っているのかどうか，まだ確証がありません。例えば，ヨーロッパの亜寒帯森林では夏季にひんぱんに大規模な火災が発生しています。放射性セシウムに汚染された森林域が燃えた場合，セシウムを含んだ煙が発生し，大規模かつ長距離の輸送を受けることがあります。こうした森林火災によって，大

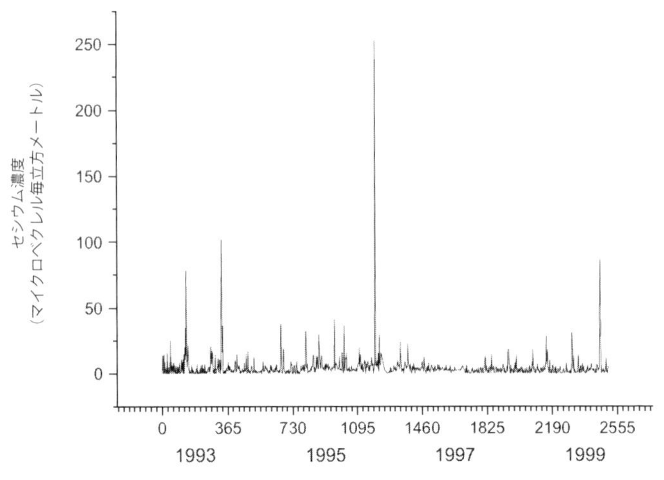

図 13-3　リトアニアでの大気中の放射性セシウム濃度の観測値*13-3
濃度上昇はシベリアの森林火災が原因と主張されています。

気中の放射性セシウム濃度が跳ね上がることが，ヨーロッパ諸国では観測されています（**図 13-3**）。しかし，この濃度上昇でも放射性セシウムによる健康影響は出ないと考えられる水準です。

森林火災によるセシウムの大気への放出はフランスの山岳地域での別な観測でも証拠づけられていて，大規模な山火事や野焼きがあった場合，セシウムが再浮遊する可能性があります。しかし，幸いなことに，日本では山火事も野焼きもそれほどひんぱんには発生しません。山火事の報告は福島県でもあるようですが，今のところ，放射性セシウムの濃度が注意を要するほどに上昇した事例はなさそうです。

その他の再浮遊の発生源としては，花粉や未解明の森林生態系由来の粒子があります。花粉については，福島第一原発事故で汚染したスギの花粉が放射性セシウムを大量に運ぶのではないかと，2012 年の春に大きな問題になりました。林野庁が調査した結果*13-4では，スギの雄花に含まれる放射性セシウムの濃度は，乾燥重量1グラムあたり最大253ベクレルに達する例があり，この場合は大気中濃度も数ミリベクレル／立方メートルに達します。しかし，この濃度で花粉を2月から5月の花粉放出時期に24時間吸い込み続けたとしても，吸い込む花粉の絶対量が少ないことから人体の被ばく線量は0.553マイクロシーベルトにしかならないと計算されました。このことから，社会の関心は急速に小さくなったようです。林野庁のその後の調査によると，スギ花粉に含まれる放射性セシウムの濃度は着実に低下しているようですが，依然放射性セシウムの大気への再浮遊の要素である可能性は残っています。

大気中での挙動をシミュレーション予測できますか？

Question 14

Answerer　五十嵐 康人

福島第一原発事故で放出された放射性物質によって広域の環境が汚染されましたが，その汚染状況は，System for Prediction of Environmental Emergency Dose Information

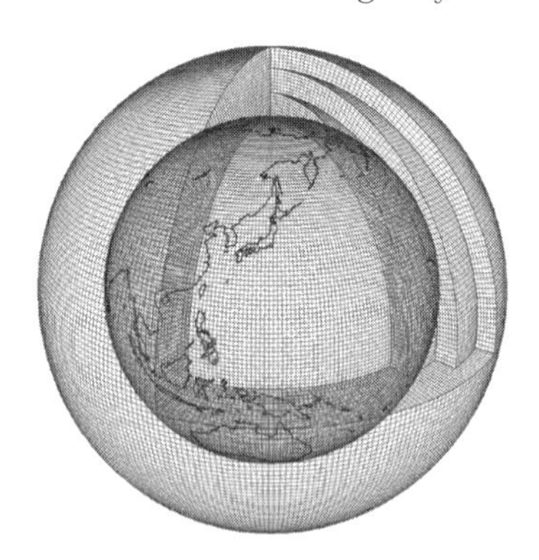

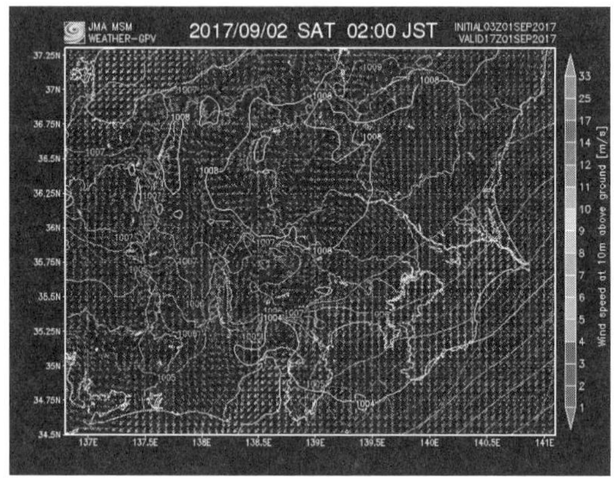

図 14-1　気象庁で天気予報に使われている数値モデルの格子の概念図（上）気象庁ホームページより　地表面付近での風の場と降水の例（下：2011 年 3 月 15 日 12 時の状況）*14-1

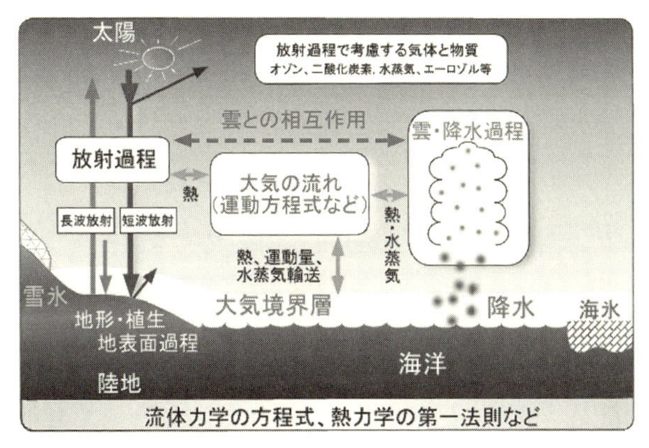

図 14-2　天気予報の数値モデルにおいて考慮されているさまざまな過程や空気塊の流れの原動力となる熱の出入りの概念図
図中の「エーロゾル」は「エアロゾル」のこと　気象庁ホームページより

（SPEEDI，邦名 : 緊急時迅速放射能影響予測ネットワーク）などのさまざまな「数値モデル」によってシミュレーションされました。しかし結果的に，SPEEDI の計算結果は国民にむけて速やかには公開されず，大規模原子力災害において有効に活用されませんでした。また，シミュレーションモデルの「不確実性」を問題にして，原子力規制委員会は，緊急時の「防護措置」の判断にあたってはモニタリング（実測）による値を使用し，SPEEDI の計算結果（数値モデル予測値）を使用しないと決めました（2015 年夏以降，その使用を希望する自治体には，運用を任せる方向で検討されています）。

シミュレーション計算の方法

ここでは，放射性エアロゾルの大気中での輸送計算の基礎について解説します。放射性エアロゾルであれ $PM_{2.5}$（**Q. 3 を参照**）であれ，ある物質のプルーム（**Q. 12 を参照**）輸送を計算するためには，大気の流れを考えることが必要です。そのため，大気の数値モデルでは**図 14-1** 上に示すように，地球全体の大気を格子に分割して大気層を表現し，すべての「格子点」について，風向，風速，気圧，気温などを計算します。位置の決まった各格子点に対して値が与えられるため,これらをまとめて「気象場」と呼ぶこともあります（**図 14-1** 下）。

このとき，空気を動かす主な原動力は，太陽からもたらされる熱です（**図 14-2**）。熱を受けた「空気塊」は膨張し，浮力を得ます。浮力を得た空気塊は，そのうえにある空気塊を動かします。このようにして，空気塊は順繰りに動いていきます。あるいは，反対に熱を奪われた場合，空気塊は圧縮され，隣の空気塊が動きます。この空気塊を動かす原動力となる熱は，水が水蒸気となるときも，反対に雲や霧として凝結するときにも出入りします。これらの熱の出入りを「熱力学」の方程式に基づき計算し，同時に空気塊の動きを「流体力学」の方程式に従い計算します。計算は，基本的に「初期値」に物理法則に従った変更を加えながら（足し算，引き算しながら）行います。すべての格子点についてこうした計算を行い，全体として熱エネルギーや水，空気の量に過不足が起きないように調整をしつつ，計算をします。その結果，**図 14-1** の下に示すような，数日先程度までの気象場の予測計算が可能となります。

放射性エアロゾルの輸送モデルは，この天気予報で用いられる気象場の予測モデル上に，エアロゾル・物質の出入り・消長（これを「物質収支」といいます）を表現したモデルを組み入れて，計算を行うものです（量を計算します）。気象モデルによる気象場の計算は，モデル計算結果を気象観測データ（実測値）にすり合わせして（この作業を「データ同化」と呼びます）

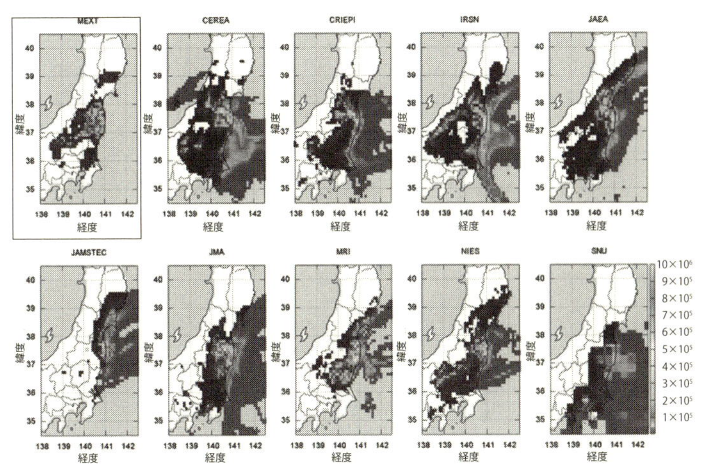

図 14-4　2011 年 3 月末までの福島第一原発事故由来セシウム 137 地表面沈着量の複数のモデルによる計算結果と実測値（枠内）との比較
沈着量（ベクレル毎平方メートル）の色は下段右のカラーバー（口絵 3）を参照*14-2

計算からのずれを修整しつつ，将来予測を繰り返し計算します。

実測値とシミュレーションモデルによる計算値との比較

これまでさまざまな研究で，大気中に放出された放射性セシウム 137 の量は，9～37 ペタベクレルの範囲にあると評価されています。また，海域に直接放出された量は，2.3～26.9 ペタベクレルの範囲にあると評価されています。評価におけるこのような大きな不確実性は，津波と停電による監視ポストの喪失で起こったデータの欠損や，気象観測機器の故障によるデータの欠損，計算に含まれる誤差が原因ですが，モデルに組み込まれている物理現象自体に起因する不確実性も現状ではあります。例えば，最新の天気予報でも正確な予測が困難なのが降水予報です。モデルによってどの程度違うのか，比較してみましょう。

図 14-4（口絵 3）に日本学術会議総合工学委員会原子力事

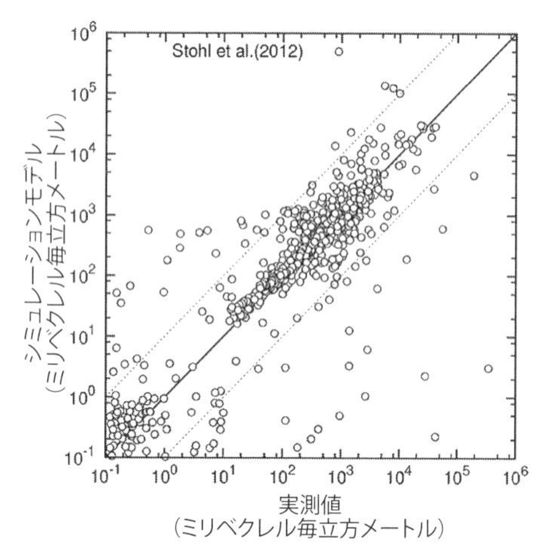

図 14-5　福島第一原発事故由来のキセノン 133 のシミュレーションモデル計算結果と実測値（日平均値）の比較
縦軸，横軸とも対数で表現しています*14-2。

故対応分科会の中に設けられた小委員会によってまとめられた報告書に掲載された，福島第一原発事故由来のセシウム 137 の事故発生から 2011 年 4 月 1 日 0 時までの積算沈着量分布を示します。文部科学省による航空機モニタリングの結果についても左上に（MEXT と表示）併せて枠内に示します。これが実測値です。右下横に示されたカラーバー（目盛り）に基づいて地表面の汚染の程度を描いており，単位はベクレル毎平方メートルです。各図の上に示されたアルファベット略字が参加機関を表します。9 機関による数値シミュレーションモデルは似通っていますが，微妙に違っています。また，残念ながら，実測とまったく同じ分布を再現したモデル計算はありません。放射性物質の地表への沈着は，現在の天気予報でも降水予測の不確実性が相対的に大きいため，モデル間のばらつきも予測精度もまだ誤差が大きいことがわかります。

これに対して大気の流れの予測だけを考慮し，降水を考慮し

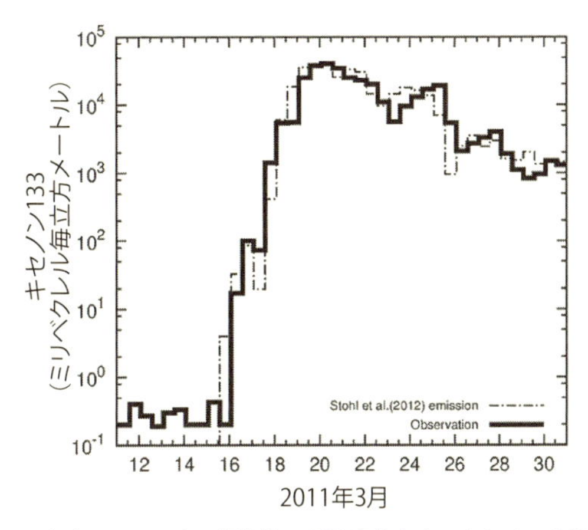

図 14-6　全球モデルによる福島第一原発事故由来のキセノン 133 のモデル計算結果（一点鎖線）と実測値（日平均値：実線）の比較
観測地点：米国ワシントン州リッチランド*14-3

ないですむ場合については，シミュレーション計算は確実性がもっと高いと言えます。その例として，希ガス（ここでは放射性キセノン）の場合を**図 14-5** に示します。この図は，大気汚染予測計算モデル（水平解像度約 60 キロメートル，鉛直 40 層）によって計算した福島第一原発事故由来のキセノン 133 のシミュレーション計算結果を縦軸に，観測値を横軸にとり，比較しています。

中央の実線は計算値と観測値が 1：1 で対応しているというラインで，その上下の点線はそれぞれ，10 倍の過大評価，10 分の 1 の過小評価を示します。観測値のほとんどは日本から数千 km もかなたの観測地点でのデータですので，計算結果が同じ桁にほぼ収まっているということは，シミュレーションとして上出来と言えます。**図 14-6** にはこのことを確認するために，米国ワシントン州リッチランドでの実測値とシミュレーションモデル計算値との比較を載せています（日平均）。大気中濃度の計算値は実測値を十分に再現していることがわかります。このように降水のない場合の汚染物質の流れの予測については，現状の数値シミュレーションモデルの実力はかなり高いと言えるでしょう。

シミュレーションモデルの活用

原子力規制委員会は，今後の緊急時では，モニタリングを中心に放射性プルームの流れを把握するとしています。しかし，モニタリングでは計測地点の実況しか把握できず，また上空を通過していくプルームの把握も困難となります。数値予報には既に述べたように不確実性もありますが，モニタリングと数値予報とを組み合わせることで，より良き避難の実施や過剰な被ばくを避けることができます。近年は携帯電話などを用いたネットワークが発達し，緊急地震速報や気象警報が迅速に広報されるようになっています。放射性プルームに関しても長時間の数値予測の不確実性を指摘して利用をあきらめるのではなく，モニタリング情報や長期予測に加え，短時間でも数値予測を準備して，個々人の手元に判断材料として送ることも有益でしょう。

吸い込んだものは体のどこへ行きますか？ Question 15

Answerer 福津 久美子

春先，多くの方を悩ます花粉症！花粉を吸い込んだことで，くしゃみ，鼻水などの症状がでます。つまり，浮遊していた花粉などのエアロゾルは，呼吸とともに鼻・口，気管・気管支，さらには肺深部へと入り込み，そこに沈着したり，またはそのまま呼気とともに体外へ出ていったりします。体内に取り込まれた放射性エアロゾルは，内部被ばくの要因となります。そこで，国際放射線防護委員会（ICRP）は，内部被ばく線量（**Q.10を参照**）を評価するために，呼吸によって呼吸気道内のどこにどれだけ沈着し，沈着した粒子はさらにどこへ行くのか，などをモデル化しています。このモデルを「呼吸気道モデル」と呼び，1994年にPublication 66 *15-1 として勧告されました。それでは，モデルの概要を説明しながら，吸い込んだものがどうなるのかを考えてみましょう。

ICRP Publication 66の概要

ICRPでは，1979年に「放射線防護のための呼吸気道モデル」をPublication 30 *15-2 として刊行しています。この時点では，放射線作業を行う人だけを対象としていました。その後，新たな実験や事例の積み重ねから明らかになった問題点を改良し，子供から大人まで適用できるよう改訂されたのが，Publication 66です。つまり，このモデルは，放射性エアロゾルを吸い込んだときの内部被ばく線量を計算するための基本になります。$PM_{2.5}$の規制などを考える場合には，米国環境保護庁（EPA）の2004年報告 *15-3 が引用されますが，この報告の中にICRPモデルが引用されており，エアロゾルを吸い込んだ事例全般に

デトリメント：detriment（損害）。ICRP の概念で，放射線源に被ばくした結果，被ばくした集団とその子孫が受ける健康上すべての害を表す言葉です。ICRP Publ.66 では，呼吸気道の各組織における致死性のがんの発生率の大小として，各組織の相対的感受性を評価しています。

クリアランス：clearance（医学では腎臓などで老廃物の排泄の能力を表す指標）。ICRP Publ.66 では，呼吸気道に沈着した粒子が，移動・吸収または排出されることを表す言葉です。血液への吸収のされやすさを 3 タイプ（F, M, S）に分類し，体内での粒子の存在形態や，体内のどこを通ってどのように移動・吸収または排出されるのかが示されています。

日本保健物理学会：広い意味での放射線防護関係の知識・技術を扱う研究者・技術者の学術団体。

適用することができます。モデルは，1）呼吸気道の領域区分，2）形態モデル，3）標的細胞，4）デトリメントの気道領域間の分配，5）沈着モデル，6）ガスおよび蒸気，7）クリアランスモデル，8）線量計算，で構成されています。ここでは，1）呼吸気道の領域区分と 5）沈着モデルを簡単に解説します。モデルをもう少し詳しく知りたい方は，日本保健物理学会の刊行物「Publ. 66　新呼吸気道モデル概要と解説」[*15-4] が参考になります。

呼吸気道の領域区分

呼吸気道モデルに含まれる部位は，鼻，口，気管・気管支，肺，とその周りのリンパ組織です。それぞれの部位によって，①構成する細胞，②放射線の影響の発現（放射線感受性），③粒子の付き方（沈着），④細胞に付いた粒子の排除の仕方や速さ（クリアランス）などが違います。そこで，被ばく線量を計算するという観点から，**図 15-1** のように 5 つの領域に区分されてい

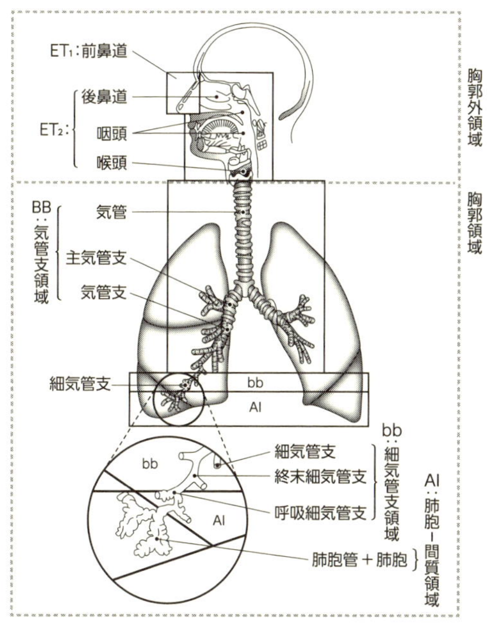

図 15-1　呼吸気道の解剖学と形態モデルの区分
＊15-1，p9 Fig1 をもとに作図

ます。

鼻先の部分，解剖学では前鼻道と呼ばれる部分を ET_1 領域といいます。この領域に沈着した粒子は，鼻をかんだり，拭き取るような手段で取り除くことができると仮定されます。この仮定は，日常生活の中で，ほこりなどを吸い込んだときに，体験していることと容易に一致すると思います。鼻の奥から口にかけての部分，解剖学では後鼻道，咽頭，喉頭および口と呼ばれる部分を ET_2 領域といいます。この領域に沈着した粒子は，細胞の表面にある粘液層によって，取り除かれます。粘液層は，鼻水や痰となって，はき出されるか，または飲み込まれることで粒子を取り除くことになります。被ばく線量の観点からは，これら ET_1 と ET_2 は，粒子が速やかに取り除かれることから

マクロファージ：生体内に進入した細菌などの異物を捕らえて消化し，免疫情報をリンパ球に伝える役目を担うアメーバ状細胞。
動力学的形状係数：粒子の形状を表す指標の一つ。粒子が球形の場合は 1 であり，非球形の場合は 1 より大きな値になります。

問題とならない領域になります。これに対して大気エアロゾルの吸入を考えた場合には，花粉症やアレルギーなど，鼻が重要な役割を果たしていると考えられる症状はたくさんあります。

気管と気管支の第 8 分岐までを気管支領域（BB），第 9 分岐から第 15 分岐までを細気管支領域（bb），そして第 16 分岐以降の呼吸細気管支，肺胞管，肺胞嚢および結合組織からなる肺胞-間質領域（AI）の 3 領域に区分されます。この領域が被ばく線量を考える上で重要な部位になります。BB 領域や bb 領域に沈着した粒子は，細胞表面の繊毛の運動によって取り除かれますが，取り除かれる速度は速い場合と遅い場合が想定されています。AI 領域に入り込んでしまった粒子は，マクロファージによって分解されたりしますが，クリアランスは緩やかになります。AI 領域からは，リンパ節への移行があります。

このような領域区分をもとに，それぞれの領域で組織・細胞がどのように構成され（形態モデル），どの細胞が放射線発がんの標的になるのか（標的細胞），どの組織で相対的にがんが発生しやすいか（デトリメント），沈着したものはどこに行くのか（クリアランス）などを，詳細にモデル化しています。したがって，この領域区分が重要視されています。

沈着モデル

呼吸気道にエアロゾルが沈着する仕組みは，空気清浄機などのフィルタに沈着する仕組みと同じです。鼻呼吸では，鼻先にあたるET$_1$領域が最初のフィルタ，ET$_2$領域が2番目，BB領域が3番目，bb領域が4番目，そして最後のフィルタがAI領域と考えます。

呼吸によって体内に取り込まれた粒子が5つの領域にどのくらい沈着するかを左右する要因はいろいろあります。その中でも特に，粒子の大きさが重要です。**図15-2**は，放射性エアロゾルの粒子の大きさによって沈着する領域が違うことを示しています。エアロゾルは粒子密度が3グラム毎1立方センチメートル，動力学的形状係数が1.5というICRP設定の既定値で計算しています（以降の図はすべて同じエアロゾル条件で計算しています）。放射線作業を行う労働者の一般的な呼吸率で比較してみると，粒径5ミクロンでは鼻領域（ET$_1$とET$_2$）にほとんどが沈着するのに対して，0.02ミクロンと小さい場合には，吸い込んだ量の約半分が肺領域（AI）に沈着します。呼吸をする人側の要因としては，年齢による体格差に基づく呼吸量の違い，鼻呼吸と口呼吸の違い，そして椅子に座っているのか，歩いているのかなどの活動状態の差による呼吸パターンの違いがあります。**図15-3**は鼻呼吸と口呼吸の違いを示しています。鼻呼吸では鼻領域がフィルタの役目を十分に果たすのに対して，口呼吸ではフィルタの役目が果たせず，肺領域への沈着割合が高くなっています。**図15-4**は呼吸パターンの違いを示しています。睡眠中と軽作業中では沈着割合が大きく違います。そして**図15-5**では体格の差による違いを示しています。同じ環境にいたとしても，子供と大人では部位別の沈着割合は違います。

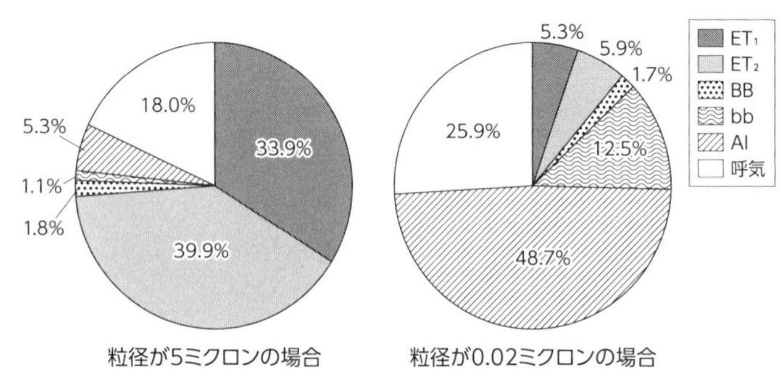

図 15-2　粒径による沈着割合の違い
＊15-1，p416 TableF.1 をもとに作図
労働者が 1 時間に 1.2m³（標準）を鼻呼吸したときの沈着割合

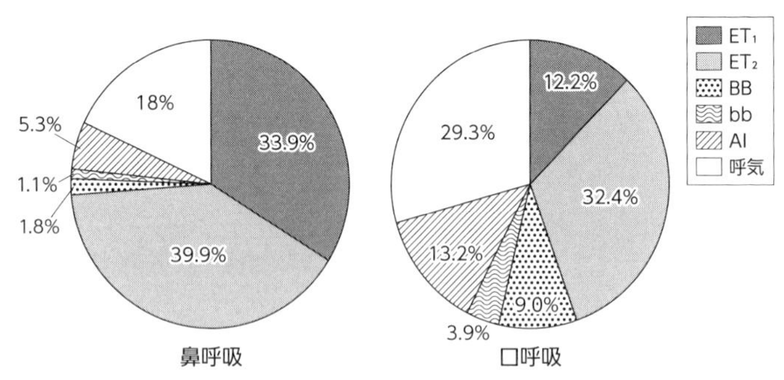

図 15-3　鼻呼吸と口呼吸による沈着割合の違い
＊15-1，p416 TableF.1 をもとに作図
労働者が 1 時間に 1.2m³（標準）を呼吸したときの沈着割合（粒径は 5 ミクロン）

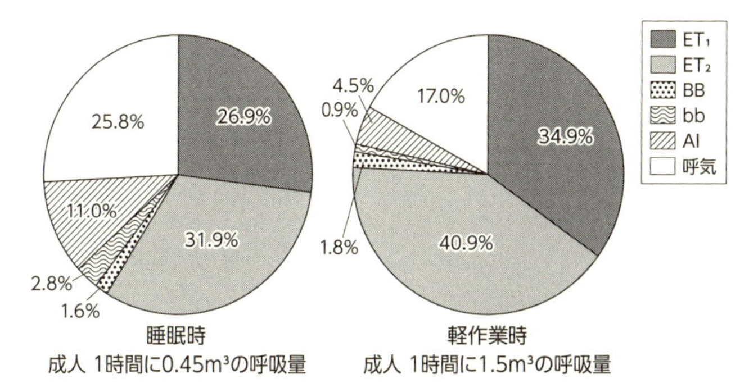

図 15-4　活動の差による沈着割合の違い
＊15-1，p418 TableF.3，p426 TableF.5 をもとに作図
成人が鼻呼吸したときの沈着割合（粒径は 5 ミクロン）

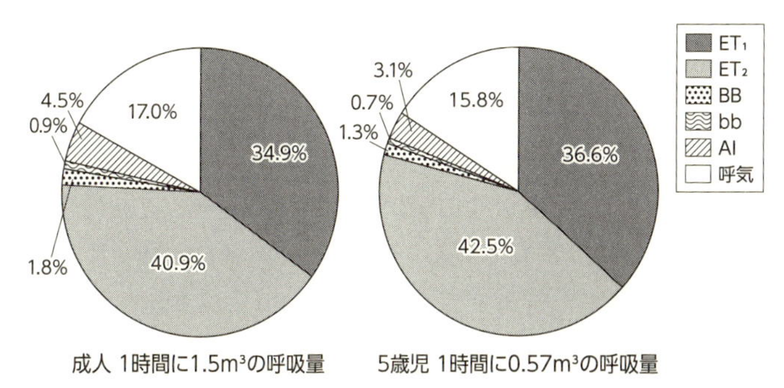

図 15-5　体格差による沈着割合の違い
＊15-1，p426-428 TableF.5 をもとに作図
鼻呼吸したときの沈着割合の例（軽作業，粒径は 5 ミクロン）

このように呼吸は，体格，活動状況，そして吸い込むエアロゾルの大きさ，性質によって，取り込まれるエアロゾルの量も沈着する部位にも違いがでてきます。その結果として，健康影響を考える上で重要となる内部被ばく線量にも違いがでます。

吸い込むと病気になりますか？

Question 16

Answerer　福津 久美子

放射性エアロゾルを吸い込んだ場合に病気になる可能性はあります。**Q. 2** で解説した自然放射線源であるラドンは，肺がんの要因とされています。ただし，吸入に限らず，体の中に入ったものによって病気になるかどうかは，入った量に依存します。病気を治すはずの薬であっても，間違った量を使用した場合には病気になることもあるように，量は重要です。

量の観点からみると，放射性エアロゾルの吸入で放射線による急性障害が起こる確率は非常に低いと考えられています。つまり，急性障害が出るほど大量の吸入は想定しにくいということです。放射性エアロゾルでの急性障害となると，放射線による急性障害（数週間以内に症状が発症）ということになります。放射線による急性障害は**Q. 17** で詳しくお話ししますが，吸入による内部被ばくで数シーベルトということは想定しにくいということになります。一般的なエアロゾルの吸入での急性障害として思い浮かべるのは，ぜんそくやアレルギー患者などの発作でしょうか。対象物質を含んだエアロゾルを吸い込んだ直後に急性障害である発作が起きたりします。

吸い込む量を決定する要因は，吸い込む空気に含まれる濃度，放射性エアロゾルの大きさ（粒径），吸い込む量（呼吸量）などです。粒径や呼吸量などによって吸い込む量がどのように違うのかは，**Q. 15** の呼吸気道沈着モデルを参照してください。呼吸量は，体格はもちろんのこと，寝ているのか運動しているのかなど人の活動状態によって大きく変わります。

病気になるかどうかは，化学組成にも依存します。放射性エアロゾルを構成する粒子は，放射性核種単体の粒子より，一般の大気エアロゾルと一緒になっていることが多いです。そのため，エアロゾルを構成する物質（化学組成と呼びます）は，大気エアロゾルにほぼ依存することになります。溶けにくい，あるいは溶けない粒子であれば，呼吸気道内にとどまります。呼吸気道内にとどまった場合の病気として思いつくのは，ぜんそくやアレルギーなどですが，放射性エアロゾルのみに注目するのであれば，吸い込んだ場合に問題となるのは肺がんです。溶けやすい粒子であれば，「放射性」の修飾語に関係なく，エアロゾルを構成する物質が蓄積しやすい臓器に集まります。そのため，放射性エアロゾルの場合は標的となる蓄積しやすい臓器で影響が現れます。

内部被ばくとがん

自然放射性核種であるラドンと肺がんについては，**Q. 2** を参照してください。ここでは，その他の放射性核種とがんの関係について，吸入摂取にかかわらずに内部被ばくの観点からお話しします。

1986 年に旧ソ連で起きたチェルノブイル原子力発電所の事故では，爆発を伴ったために大量の放射性核種が環境中に広がりました。その中で，最も大きな健康被害をもたらしたのは，放射性ヨウ素（ヨウ素 131）でした。2011 年の東日本大震災で起きた福島第一原子力発電所の事故でも放射性ヨウ素の放出が問題となりました。福島第一原子力発電所の事故では，放射性ヨウ素は主に放射性エアロゾルとして吸入による摂取でしたが，チェルノブイル原子力発電所の事故では，食物連鎖によって汚染した食品を摂取したことによる内部被ばくでした。特にミルクに含まれていたヨウ素 131 が主たる原因と言われています。吸入摂取に比べて，食品などの経口摂取はより多くの放射性核種を簡単に体内に取り込んでしまいます。ヨウ素という元素は，甲状腺ホルモンの材料です。そのため，身体の中に入ったヨウ素は，放射性であるかないかにかかわらず，甲状腺に蓄積します。ヨウ素が放射性であった場合は，甲状腺が集中的に放射線を浴びることになり，甲状腺がんが発症します。がんですから，発症するまでには少なくとも 3〜4 年くらいの年月が必要となります。甲状腺に取り込まれた放射性ヨウ素の量と取り込んだ年齢によって，がんの発症率，発生時期などに差が出ます。

内部被ばくとがんで有名な歴史的事例は，夜光塗料とトロトラストの発がんです [*16-1]。この二つは吸入による摂取ではなく，経口摂取の事例です。1900 年代初めのアメリカでは，夜光塗料として放射性核種のラジウム 226 とラジウム 228（いずれも天然放射性核種）が使われていました。当時はラジウムが発見されて間もなかったため，放射線障害に関しての知見はありませんでした。このラジウムを含んだ夜光塗料を時計の文字盤に塗る作業は，ラジウムダイアルペインターと呼ばれていた女子作業員が行っていました。塗る作業は筆を使った手作業で，塗料の付いた筆先を舐めてそろえて塗るということを繰り返していたため，ラジウムを体内に取り込んでしまいました。ラジウムは，骨に集まる核種であるため，骨に放射線障害が起き骨がんや骨肉腫を発症する作業員が多く出ました。アメリカのア

コロイド：二つの物質が混ざり合い，そのうちの片方が粒子として，もう片方の物質の中に散らばっている状態を指します。牛乳は水の中に脂肪やたんぱく質粒子が分散しており，コロイドの一例です。トロトラストでは，トリウムが粒子状態で水溶液の中に分散しています。

ルゴンヌ国立研究所では，ラジウムによる被ばく登録者3800人の追跡調査を行いましたが，この内2800人が夜光塗料産業関係者でした。ラジウムの事例は，同じように骨に集まりやすいストロンチウム90やプルトニウム239などが体内でどのような動きをするのかを明らかにするために役立ちました。同時に，放射線の晩発影響を明らかにした貴重な例です。

トロトラストによる被ばくも，同じ年代です。鮮明なエックス線写真を撮るために使用される造影剤として二酸化トリウムが優れていることがわかり，1929年にドイツのハイデン社が「トロトラスト」という商品名で売り出しました。気管支，肝臓，脾臓と血管の造影に威力を発揮し，脳血管造影が可能になったために世界各国で広く使われました。コロイド状水溶液として投与されたトロトラストは，肝臓，脾臓，骨髄に蓄積され，ほとんど排泄されませんでした。トロトラストに用いられたトリウム232は，天然放射性核種で，半減期が140億年と長く，次々に壊変して壊変生成物に変化していく系列（**Q.2を参照**）をもち，壊変するたびに放射線を出します。しかも，放射線の種類もアルファ線，ベータ線，ガンマ線を出します。体内に取り込んでいるので，アルファ線が放射線障害に大きく寄与しています。そのため，肝臓がんや白血病などが多数発症しました。国際放射線防護委員会（ICRP），国際原子力機関（IAEA），世界保健機関（WHO）が各国に呼びかけて，トロトラストの晩発障害に関する共同研究が行われ，がん発生率や生存率の低下などが調べられました。調査の結果，肝臓がんや白血病などの血液疾患による生存率の低下が明らかになりました。

放射線はどれでも同じ影響がでますか？

Question 17

Answerer 福津 久美子

放射線は1種類ではなく，いろいろな種類があります。どのような放射線かによって，人への影響の強さはいろいろです。ここでは，まず，放射線の種類とそれぞれの影響の違いを説明します。次に，人体への影響の大きさを表す量である被ばく線量とその単位のシーベルトについて解説します。

放射線の種類

放射線を出すもとになる放射性核種については，**Q.6**の放射線と放射能を参照してください。放射線は，広い意味では粒子の流れや電磁波ですが，一般的に放射線と呼ばれるものは，「電離放射線」です。電離とは，物質中の原子や分子をプラス電荷をもつイオンとマイナス電荷の電子に分離する能力のことで，この能力がある放射線という意味で「電離放射線」といいます。電離放射線には，粒子線（粒子の流れ）と電磁波があります。粒子線は，粒子の種類によって，アルファ線（ヘリウムの原子核），ベータ線（電子），陽子線（陽子），中性子線（中性子），重粒子線（重粒子）に分けられ，電磁波は，原子核内から発生しているか否かによってガンマ線，エックス線に分けられます。これらの放射線は放射性核種からの放出だけではなく，発生装置などによる人工的な発生や宇宙からも到達します。

放射線の種類による人体影響の違い

放射線（電離放射線）にはいろいろな種類がありますが，その電離能力と透過力は放射線によって異なります。電離能力が大きければ，電離作用によって人体の細胞や遺伝子などへ強く

直接電離：アルファ線やベータ線など荷電をもつ粒子線（荷電粒子放射線）の電離作用。原子の軌道電子などに直接電気的な力を及ぼして電離を起こします。
間接電離：エックス線やガンマ線などの電磁波や，電荷を持たない中性子線は，原子や原子核との相互作用により二次的に荷電粒子を発生させて電離作用を起こします。二次的に発生した荷電粒子による作用なので間接電離と呼びます。

影響します。また透過力が大きいと，体の外から照射しても，体の奥まで到達します。この二つの特徴から，放射線の種類による人への影響の違いを示したのが，**表 17-1** です。表中の内部被ばくとは放射線源が体の中（例えば内臓や骨）にある場合，外部被ばくとは体の外（地面や空気中）にある場合のことです。

内部被ばくの場合には，放射線の種類だけでなく，放射線を出すもととなる放射性核種の性質も重要になります。その放射性核種がどの臓器に集まりやすいか，体から排出されるまでの時間や壊変により減少するまでの時間，化学形などが影響を考

表 17-1　放射線の種類とその特徴など

放射線の種類	放射線の特徴	電離の仕方	透過力（人体中）	外部被ばく	内部被ばく
アルファ線	ヘリウムの原子核（陽子 2 個 + 中性子 2 個） 荷電粒子(2+)	直接電離 高密度で電離（ベータ線の数百倍の密度）	数～数十マイクロメートル	影響なし	被ばく部位に影響大
ベータ線	電子（あるいは陽電子） 荷電粒子(-あるいは +)	直接電離	数ミリ	皮膚や皮下組織に影響	被ばく部位に影響
ガンマ線 エックス線	電磁波(光子)	間接電離	身体の奥まで，または通り抜ける	影響大	影響は小さい
中性子線	中性子 非荷電粒子	間接電離	身体の奥まで，または通り抜ける	影響は甚大	内部被ばくは考えにくい

える上では重要になります。

放射線の人体影響の大きさを表す単位（シーベルト）

人が放射線で被ばくした場合，どのような影響が現れるかは，被ばく形態の違い（外部被ばく，内部被ばく，全身被ばく，局所被ばく）や放射線の種類の違い（アルファ線，ベータ線，ガンマ線など）などによって異なります。そこで，異なる被ばくでも，人体影響の大きさを比較できるように考えられたのが，シーベルト（Sv）という単位です。シーベルトという単位は，スウェーデンの放射線防護研究者であり，国際放射線防護委員会（ICRP）の創始者でもある，ロルフ・シーベルトに由来しています。放射線が人体などに照射されたとき，そこで吸収されたエネルギーは，物理的に測定することができ，吸収線量（単位はグレイ，Gy）で表されます。人体への影響は，この吸収線量に，放射線の種類による違いを考慮する係数（放射線加重係数）と臓器ごとの放射線による影響の違い（組織加重係数）を考慮する係数を掛け合わせて算出され，その単位としてシーベルトが使われます。実際には人体影響の大きさを表す量は，1）局所被ばくの影響の大きさを表す等価線量，2）全身被ばくの影響の大きさを表す実効線量，3）内部被ばくの影響の大きさを表す預託実効線量の3種類があり，いずれも単位はシーベルトです。このほかシーベルトは，サーベイメータの指示値の単位としても使われています。この場合は，空気の吸収線量グレイに係数を掛け合わせて，人が受ける実効線量の近似値として表示されています。参考までに，ICRPが2007年に勧告した放射線加重係数と組織加重係数を**表 17-2，3** に示します。原爆被爆者の健康影響調査の結果から，発がん影響が大きく出る組織に大きな数値が割り当てられています。

表 17-2　ICRP2007 年勧告による放射線加重係数

放射線の種類	ガンマ線 エックス線 ベータ線	陽子線	アルファ線 重イオン	中性子線
放射線加重係数	1	2	20	2.5〜21（エネルギーに依る）

表 17-3　ICRP2007 年勧告による組織加重係数

組　　織	骨髄 (赤色) 結腸 肺 胃 乳房	生殖腺	膀胱 食道 肝臓 甲状腺	骨表面 脳 唾液腺 皮膚	残りの組織の合計	全合計
組織加重係数	0.12	0.08	0.04	0.01	0.12	1

外部被ばくの場合には，吸収線量グレイが測定されれば，以下の式で被ばく線量が計算できます。

等価線量（シーベルト）＝放射線加重係数×吸収線量(グレイ)

実効線量(シーベルト)＝すべての臓器での（組織加重係数×等価線量（シーベルト））の合計

内部被ばくの場合には，測定される量が吸収線量ではなく，摂取量ベクレルです。そのため，体内での放射性核種の動態や半減期などを考慮して各臓器が受ける等価線量を計算し，全身の被ばく線量（預託実効線量）を計算するということになりま

しきい値：境目となる値。放射線では，被ばくによって影響が出る境目の値を示します。例えば，ガンマ線被ばくの影響で血液細胞の数が少なくなるしきい値は0.5グレイです。

す。詳しくは，**Q. 10** を参照してください。実際には，ICRPが勧告している預託実効線量係数を用いて，以下の式で計算されます。

預託実効線量（シーベルト）＝摂取量（ベクレル）×
預託実効線量係数（シーベルト / ベクレル）

放射線の健康影響

人が放射線を被ばくした後，すぐに出る症状としては，数時間以内に認められる嘔吐，数日から数週間にかけて生じる下痢，血液細胞数の減少，出血，脱毛，男性の一過性不妊症などがあります。分裂の盛んな臓器である精巣は，放射線の影響を受けやすいため，100～150ミリグレイで症状が出ます。骨髄も影響を受けやすく，1グレイ以下でも症状がでます。その他の急性症状は，1グレイ以上から発症します。ゆっくりと現れる症状には，胎児の発生・発達異常（奇形），白内障，がんや白血病，遺伝性疾患などがあります。ただ，遺伝性影響については，動物実験では確認されていますが，人では直接の証拠は確認されていません。

どのくらいの被ばくをしたら，どのような影響が出るかについては，被ばく線量のしきい値という形で示されています。しかし，がんや白血病と遺伝性疾患については，被ばく線量のしきい値がどのくらいなのかがわかっていません。そのため，わずかな被ばくでも発症する確率が増加する可能性は否定できません。人が放射線を被ばくしたとき，ミクロな目で見てみると，身体を構成する細胞の中にある DNA に傷がついています。傷が完全に修復されれば健康影響の問題は生じません。傷が多いとき，つまり被ばく線量が多いときは，修復されない傷や間違った修復をされてしまう傷があるかもしれません。修復されない傷がたくさんある細胞は死んでしまい，そのような細胞が組織の中にたくさんある場合は，組織が死んでしまいます。傷の修復に間違いがあるなどして完全に修復されていなくても生き延びる細胞もいます。このような細胞は，時として遺伝子の突然変異を起こし，長い時間をかけてがん細胞へと変化する可能性があります。

空気清浄機で取り除くことはできますか？

Question 18

Answerer 長田 直之・五十嵐 康人

事故時には，風に乗って放射性物質を含んだ一団の空気の塊（「プルーム」）（**Q. 12 を参照**）が，周辺の人家に飛来する可能性があります。日本の家屋は，居室は 2 時間に 1 回程度（居室以外は 3 時間に 1 回程度）空気の入れ替わりがあるように建築基準法施行令で定められ，適合するよう設計されています。したがって，自宅に待機しなければならないとなったときは窓を閉め，常時換気設備があればそれを停める必要があります。屋内でも閉められるところは全部閉め，空気の流動がないようにします。

では，室内に入ってしまった放射性エアロゾルの対策はどうすればよいでしょうか。基本的には，$PM_{2.5}$ や花粉症の対策と変わりません。「みんなが知りたい $PM_{2.5}$ の疑問 25」も参照ください。なぜ変わらないかと言うと，空気中に浮かぶエアロゾルという点では同じだからです。ただし，花粉は数十ミクロンの大きさ，$PM_{2.5}$ は 2.5 ミクロン以下の大きさですが，福島第一原発事故時に測定された放射性エアロゾルの大きさはだいたい 1 ミクロン程度の大きさでした（**Q. 8 を参照**）。1 ミクロン程度のエアロゾルはもともと硫酸や硝酸がもとになり水分などを取り込んでできた粒子です。呼吸によって体内に取り込まれた場合，肺の壁面に衝突すると，もう体外にはその形では出てきません。つまり，体内に取り込まれやすい形になっており，鼻先で除去されやすい花粉とは差があります。では，花粉症の対策がそのまま使えないかというと，実は 1 ミクロン程度のエアロゾルはフィルターに非常に捕まりやすい大きさです。そのため，$PM_{2.5}$ に対して有効とされる空気清浄機を動かせば，

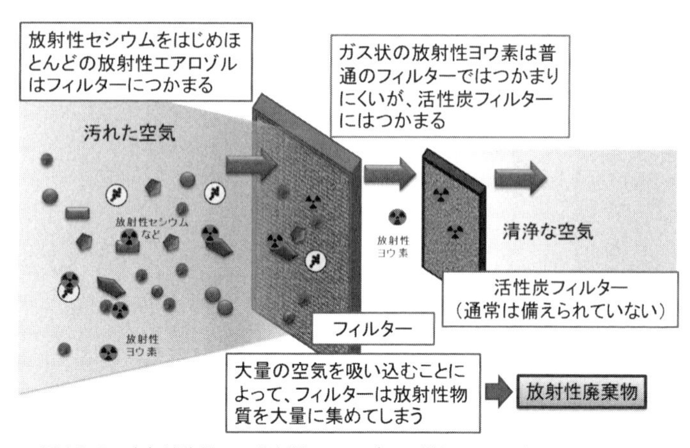

図 18-1　空気清浄機での放射性エアロゾルの捕捉イメージ
フィルターには放射性物質が必然的に濃縮されます。法令等で定められた限度を超える場合は，放射性廃棄物とする必要が出てきます。

空気中から放射性エアロゾルを取り除くことは可能でしょう(**図 18-1**)。それに，加湿してやれば小さな放射性エアロゾルも水分が増加して大きなエアロゾルへと変化していきます。肺の奥深くに入ることも減りますし，空気中でも壁面に付着したりエアロゾル自身の重さで地表面に落ちたりしていきます。あとは拭き掃除などにより簡単に除去できるので，その空気清浄器のフィルターや掃除用具などを生活圏から遠いところに置いておけば生活への影響はなくなるでしょう。

なお，この**Q. 18**では，原発事故由来の放射性エアロゾルを取り上げましたが，自然放射性物質であるラドン壊変生成物の空気清浄機による効果についても報告[*18-1]があります。そちらも参考にされるとよいでしょう。

マスクで防げますか？

Question 19

Answerer　長田 直之

マスクの装着

風邪や花粉症，$PM_{2.5}$ の対策などに使うのであれば，ドラッグストアなどで簡単に手に入るマスクでも有効です。大気中の放射性物質についても，物質の状態に応じてマスクを適切に選択すれば，吸い込みを防ぐことができます。

マスクはつけ方が適切でないと効果を発揮できません。苦しいからといって鼻がマスクから出ていたり，あごやほおにマスクとのすき間があったりしてはマスクのフィルターを通っていない空気が体内に入ってしまいます。これでは期待している効果がありません。花粉症の方では，花粉は体内へ侵入した花粉微粒子の影響がくしゃみや鼻水など比較的早く症状として体に現れます。そのため，花粉症の方はマスクのつけ方とその結果が直結していることが実感となり，きちんと装着している方が多いようです。また，業務・医療用は，一般用のマスク以上にマスクと顔面のすき間ができないように工夫や仕組みが施されています。

空気中の粒子捕集メカニズム

マスクのフィルターは，水用フィルターとは違うメカニズムで空気中のエアロゾルを取り除いています。水用フィルターは網目を通らないようにして粒子を遮っています。空気のフィルターは網のようになってはおらず，水用フィルターと比べて繊維の割合が少なくほとんどが空間です。エアロゾルの捕集にはフィルターの繊維とエアロゾルが持っている静電気を主に利用しています。静電気による引力，または反発を利用してエアロゾルを動かし，繊維に付着させて取り除いています。静電気がなくても，水用フィルターと同様にエアロゾル粒子が繊維に勝手に衝突して捕集されることもあります。もしまったくエアロゾルに静電気がなければ，マスクで取り除く効率は大幅に落ちてしまいますが，$PM_{2.5}$ 程度のエアロゾルであれば，ほとんどがプラスかマイナスの静電気を持っているので，マスクで大部分を取り除くことが可能です。

マスクと放射性エアロゾル

大気中の放射性物質は，気体と液体・固体のエアロゾルに含まれるものの 2 種類に分けることができます。一般の大気汚染でも同じことが考えられます。硫黄酸化物や窒素酸化物が燃焼により気体として生成し，これらが光化学反応などにより空気中で液体のエアロゾルとなったものは，$PM_{2.5}$ に含まれます。つまり，有害な硫黄酸化物や窒素酸化物は，気体と液体のエアロゾルとの二つの状態を取ります。このほか，すす，黄砂やアスベストのような固体のエアロゾルもあります。どれも体内に入ってほしくはない物質です。エアロゾルが生成した直後であれば，静電気を持っていないものが多数である可能性があります。しかし，しばらく自然界を漂っているあいだに周りの空気分子やエアロゾルと静電気のやり取りをして，人に吸い込まれそうになるときには標準的な量の静電気を持っています。$PM_{2.5}$ はエアロゾルの大きさが 2.5 ミクロン以下であり，福島第一原発事故で空気中に存在していた放射性エアロゾルの大きさは 1 ミクロン弱 [*19-1] であったことがわかっています（**Q.24**

の**図 24-2 も参照**ください）。花粉の大きさは数十ミクロンあるので，少し動きが異なると考えられます。つまり，花粉のほうが大きいので，静電気による引力や反発による動きが悪くなります[*19-2]。逆に，$PM_{2.5}$ や放射性エアロゾルは静電気によってよく動く，すなわち花粉よりマスクに捕まりやすい，と言えます。花粉を防げるマスクであれば，$PM_{2.5}$ も放射性エアロゾルも防げるでしょう。実際に，東京大学の桧垣らが福島第一原発事故当時に市販のマスクを装着し，空気中の放射性エアロゾルに対して有効かどうかの試験を行い，マスクに放射性エアロゾルが集められたことにより，被ばくを避ける効果があったと発表しています[*19-3]。

それではガスはどうでしょうか。残念ながら市販のマスクでは，ガスに対してあまり効果がありません。マスクが湿っていれば水に溶けるガスはある程度とれます。しかし，空気の通りが悪くなるため，長時間の使用には適していません。業務用のマスク（詳細は「みんなが知りたい $PM_{2.5}$ の疑問 25」を参照ください）では，ガスを捕集するための素材を入れたカートリッジを通してガスを捕集し，空気をきれいにして体内へ取り込まないようにしています。

顔や衣類に付着しませんか？

Question 20

Answerer 五十嵐 康人・長田 直之

放射性エアロゾルと衣類の関係

放射性かどうかにかかわらず，基本的には，空気中のエアロゾルはあらゆるものに付着します。どの程度付着するかは服などの素材とエアロゾルの化学組成により差があり，静電気による引力や反発力も関係します。ツルツルとした表面の合成繊維は固い表面のエアロゾルが付着しにくく，ついても外れやすくなります。水分の多いエアロゾルであれば服などの素材によらず水滴のように付着し取れにくいでしょう。逆に起毛した繊維でしかも静電気が発生しやすい服を着ていると，エアロゾルを集めているようなものです。これと同様のことは花粉症の対策で聞いたことがあると思います。屋外では，花粉が付きにくいツルツルした表面の服を着て，屋内に入るときは服についた花粉を払ってから入れば，部屋に持ち込む花粉が少なくなるという話です。

いざというときは

もし近隣で放射性物質が大量に環境中に放出される事故が起き，避難や対策のために「短時間」でも屋外に出なければいけない状態になったとき，もしくは放射性のプルーム（**Q.12を参照**）への対策が遅れてしまって大気中の放射性物質が屋内に入ってしまったときは，どうすればよいでしょうか。特にプルームがあるのに外出する際には，肌を露出しないようにします。できれば袖のつぼまった長袖，ズボン，手袋，帽子，マスクを着用します。また，カッパ，長靴，可能な場合はゴーグルなどを装着しましょう。**図20-1**は水害ボランティアの服装をもと

図 20-1　避難する際など，やむを得ず放射性プルーム中に出なくてはならない場合の服装・装備の例

にしたイラストですが，この上にエアロゾルの付着が少ないカッパを着用すれば，ほぼ完ぺきです。このような服装であれば，放射性エアロゾルによる汚染を最小に防ぐことができるので，避難の際もこうした格好がよいでしょう。事故直後に除染作業をする人たちが真っ白なつなぎを着ているのを見たことがあると思います。あの防護服も放射性エアロゾル（除染の場合は特に砂や土などの粒子）が体に付かないようにするためのものです。放射線を遮る能力はなく，使い捨てです。一度汚染しているところで着たものは，放射性物質により汚染されている可能性があります。放射線測定機器があれば，外出から戻ったときには汚染検査をし，汚染が著しい場合は洗浄するか，場合によっては保管，または廃棄します。

放射性エアロゾルの除去

皮膚の表面についた放射性エアロゾルは，基本的には普通の洗浄，お風呂やシャワーでの洗浄，衣類は洗濯で落ちます。エアロゾルと表面の物理的・化学的関係が最も大きな要素で，放射性かどうかは付着・脱離に関与しません。汚染物質の化学的な性質を考慮して，酸やアルカリなどの除染剤を使用する場合もあります。表面に付着したエアロゾルに何らかの力がかかり，繊維の奥深くに入り込んでしまうと，汚れが落ちにくいということはあり得ます。また，車の表面・タイヤに放射性物質が付着しても洗浄すれば汚染を落とすことは可能です。ただし，高濃度の汚染の場合には，車に装備されているフィルターなどの汚染にも注意することが必要です。

環境基準はありますか？

Question 21

Answerer 長田 直之・五十嵐 康人

環境基準ではなく排出規制

公害関係の法律や $PM_{2.5}$ の大気中濃度の基準のような「環境基準」というものは，実は放射線・放射性物質にはありません。福島第一原発事故後には空間線量率の測定値に従い，立入制限などが設けられていますが，放射線・放射性物質を扱う事業所では，その境界で十分な環境（空間線量率，排気・排水中放射能濃度）管理を事業者が行い，それを地方自治体や国がさらに監視することによって一般の国民の放射線からの防護が図られてきました。こちらは他の汚染物質でも適用される「排出濃度規制」に相当します。ちなみに，3か月間の平均濃度になりますが，セシウム134や137では，排気中濃度限度がそれぞれ，20，30ベクレル毎立方メートルになります。ヨウ素131では化学形により異なりますが，一番厳しい数値で，排気で10ベクレル毎立方メートルになっています。この排気中濃度限度の数字は，この濃度の空気を，生まれてから70歳になるまで，呼吸し続けたときに平均の実効線量（**Q.17を参照**）が1ミリシーベルト毎年になる濃度として計算されています。法令が守られていれば，環境や人に影響を与えることはほとんど無いと考えられています。施設の点検も法令により義務付けられています。

環境の監視体制

環境の監視はしっかりと行われています。日本では，自治体や国の機関，大学や研究所が放射性物質の対策のために測定・監視を行っています。おおむね都道府県単位で測定所が設けら

空間線量率：ある場所での放射線の強さを表すために使われ，その空間にある空気が1時間あたり吸収する放射線のエネルギー（吸収線量率）として測定されます。通常地表から高さ1メートルで測定が行われますが，放射性物質を扱う施設からの流出を監視するた目的で，建物の屋上やより高い場所で測定される場合もあります。事故や核実験での汚染に際しては，地表面からの放射線（グランドシャイン）と放射性プルームからの放射線（スカイシャイン）の両方でその空間の線量率が決まりますが，汚染のないバックグラウンドでは地表からの自然放射線と宇宙線によって空間線量率は決まります。

れ（**図 21-1 を参照**），定期的にさまざまな地点の空間線量率を監視しています（環境放射線の常時監視）。また，大気中の放射性物質の量や，雨などに含まれる放射性物質を測定しています。特に原子力発電所が立地している道府県では，施設から放出されたものが基準値を超えていないかを監視するために，大気中の放射性物質以外に，近くの川の水，飲料水，土壌，農畜産物や海産物まで採取して測定しています（環境放射能の測定・監視）。**図 21-2** に茨城県の例を示します。図の左には，空間線量の測定地点とその測定を担っている事業主体が同時に示されています。図の右には放射性物質の濃度調査の対象項目やサンプリングを行う地点が描かれています。人体の被ばくは外部被ばくと内部被ばくの両方を知る必要があるため，このような形で環境の監視を行っています。

福島第一原発事故の影響がどの程度あるのかを市民に知らせるために，空間線量率の測定は，事故の比較的すぐ後の時期には，主に東北地方，東日本の新聞などで線量率値が報道されていました。現在（2016 年の春）でも，東北地方では天気予報と並んで線量率地図が掲載されています。限られた測定地点の線量率値を公表するだけでなく，国はある程度の期間を置いて

図 21-1　空間線量率を常時監視しているモニタリングポストの例
茨城県環境放射線監視センターのホームページより

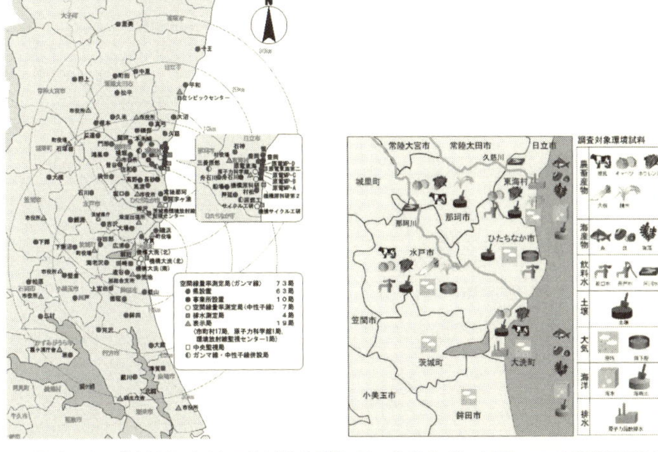

図 21-2　茨城県における放射性物質取扱い施設などの周辺での空間線量率の常時監視（左）と放射能調査（右）
茨城県環境放射線監視センターのホームページより

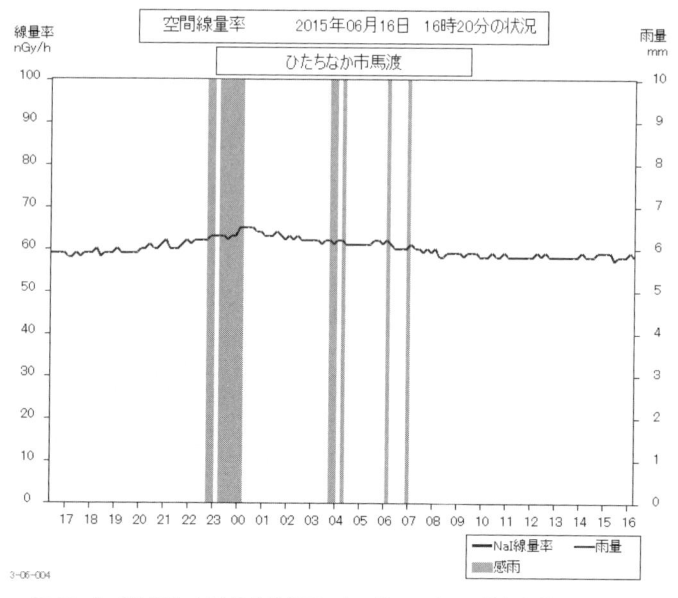

図 21-4　茨城県における放射線データのリアルタイム情報提供の例
放射線テレメータ・インターネット表示局ホームページより

航空機による線量率測定を行い，日本全国の線量率地図を作成しています。ところどころ，福島第一原発事故が原因ではない地域で線量率値が高いところがあります。西日本では，地質の影響でもともと土壌中に含まれている天然放射性物質の濃度が高く，それが線量率値に影響しています。このような普段の状態の測定をしておかないと，そこの線量率が天然の物質でもともと高かったのか，何か放射性物質が漏れて高くなっているのか，あるいは過去の核実験の放射性物質が残っているのか判別がつきません。岩石にはウランが比較的多く含まれるため，岩石が地面に露出した谷や岩石を多く使った建物，またその建物が多い地区では線量率が少し高くなっています。

さて，線量率の測定は，測定器をある地点に設置し，その指示値を担当者が見に行って後日に結果を書面で公表する，というのが従来の方法でした。しかし日本や先進諸国では情報技術の発達により，研究室に居ながらにして測定値が見られるようになっています。自治体によっては，測定値をそのままインターネットで公開しているところがあります。茨城県においては，福島第一原発事故の影響を受けた測定値とその時々刻々の変化を，インターネットを使って家庭のパソコンやスマートフォンでも知ることができましたし，現況もネット上で見ることができます（**図 21-4**）。

福島第一原発事故直後に，京都大学原子炉実験所は移動型線量測定器（KURAMA）[*21-1] を開発しました。バスなどの公共交通機関，パトカーや自治体が利用する車，細い道にも入れるバイクに載せられ，GPS と線量率計・携帯電話ネットワーク機器を組み合わせた KURAMA が位置情報と線量値をサーバーへ送信し，インターネット地図サービスと組み合わせて主に道路上のさまざまな位置の線量率値が見られるようになっています。

空間線量率の変動の原因は，大気中の放射性物質の増加によるものと地表面へ沈着した放射性物質からの放射線（**Q. 12 を参照**）が大部分を占めます。環境放射能・放射線を監視する機関は線量率の測定と同時に，大きな掃除機のようなポンプとフィルターの組み合わせで，大気中の放射性エアロゾルをフィルター上に採集しています。こちらは線量率測定と異なりまだ自動化・オンライン化されているところは少なく，平常時では放射能濃度も低いため，担当者がフィルターを一定の期間で交換し，そのフィルターを 1 週間や 1 か月など長期間，放射線検出器にかけて測定しています。通常，人工の放射性物質は大変低濃度であり，天然の放射性物質がほとんどです。人手がかかるために人件費，採集の機械の電気代，フィルター代，研究所によっては化学処理の必要な測定も行うため，膨大な予算が必要になります。したがって，線量率計の配置地点ほど多くの地点での測定は行われていません。しかしこのような測定も重要で，1960 年代までの米ソの核実験や 1980 年代の中国の大気中核実験で日本に飛んで来た放射性物質の量が測定されています。そのような過去の例も参考にし，日本や世界の各地で線量率や大気中放射性エアロゾルの測定が行われています。

雨水や降下塵中の放射性物質の測定

大気中に浮かんでいる 1 ミクロン前後の大きさのエアロゾルは，そのまま重力で落ちてくるということはほとんどありません。エアロゾルの放出が多かったり，光化学反応で発生が増えたりすると，大気中はエアロゾルだらけになって遠くが見えなくなるほど霞んでしまいます。気象台では，大気中で見える距離（視程）も測定しています。霧粒もエアロゾルですし，春先の黄砂の時期や $PM_{2.5}$ が多い都市では霞んで遠くが見えません。しかし天気が変わり，雨が降るとその水滴に付着して地表面に落ちてきます。雨上がりには空気が澄んで見通しがよくなり，高所に上ると遠景を望むことができます。雨によってエアロゾルを含んだ空気が洗われてきれいになるわけですから，その落ちてきた雨を集めて調べれば，空気中にあったエアロゾルがどんなものであったかを知るための大きなヒントが得られます。放射性エアロゾルの場合も同様で，雨が降れば，雨と一緒に地表面に落ちてきます（**Q.12 を参照**）。

普通の大気エアロゾルは水に溶けると物理・化学的に変化しますが，放射能は水に溶けても変化しないため，雨の採集は大気中の放射性エアロゾル監視の大事な手法の一つです。採集方法はエアロゾルそのものよりは簡単で，たらいやバケツのようなもの（実際にはもう少し複雑な構造で，水盤と呼んでいます）を外に置いて雨を溜めておくだけです。一定の期間ごとに回収し，放射性物質の濃度が低ければ水分だけを蒸発させて濃縮し，そして放射線検出器にかけて分析します。大気に浮いている土ぼこり，すす，海塩やあらゆるものが水盤に入るため，まとめて降下塵とも言います。雨が降らないと水盤に落ちてくる物質の量が少なくて，結果がでない期間もあります。

これまで述べた測定は，リアルタイムもしくは一定の期間ごとに研究所や公的監視機関が行っています。もし異常が発見された場合は，十分に確認した後，規制官庁に連絡され公表されます。この公表過程は放射線関係に限ったことではなく，水や大気の汚染と同様の手順です。必要であれば中央省庁から全国の研究所や監視機関に連絡・指示があり，担当者は測定と公表に努めます。例えば，核実験があったようだ，原子力事故があったようだ，放射性物質が飛んでくる，となると 24 時間体制で担当者が詳細な測定を行います。また，マスメディアの報道によって核実験などを知った研究者や担当者が，自主的に測定を開始する場合もあります。

私たちの被ばくの現状はどのようになっていますか？

Question 22

Answerer 福津 久美子

天然の放射性核種や宇宙線など，私たちの周りにはさまざまな放射線源があります。そのため，地球上で普通に生活しているだけで気付かないうちに被ばくしています。また，病院では放射線を使用する診断も普及していますので，医療でも被ばくを受けています。

原子力安全研究協会は，2011 年 12 月に，日本人の国民線量を発表しました*22-1。実に 20 年ぶりの発表でしたが，ちょうど 2011 年 3 月の東日本大震災による福島第一原子力発電所事故の後であったため，事故の影響が含まれているのではないかと勘違いされたようです。あくまで，事故の影響は含まない平常時での国民線量です。**表 22-1** に，個人が 1 年間に日常生活で受ける被ばくがどのくらいになるのかを，日本と世界の平均値で示しました。総被ばく線量では，世界平均値 2.42 ミリシーベルトに対して，日本は 2.1 ミリシーベルトとほぼ同等です。ただし，被ばくの要因には違いがあります。この本の主題である放射性エアロゾルの被ばくとしてみると，ラドン・トロンによる内部被ばく線量は世界平均値より低くなっています。**Q. 2** の身近な放射性エアロゾルで説明したように，日本における屋内ラドン濃度は世界平均値より低いことが反映されています。これに対して，食品の摂取による内部被ばく線量は，世界平均値より高くなっています。それは，日本人は海産物を多く食べるためです。ラドン・トロンと同じ系列内の鉛やポロニウム（**Q. 2 を参照**）が海産物に含まれており，食品の摂取による内部被ばく線量に寄与しています。いずれにしても，地球誕生以来存在するウラン系列とトリウム系列が，私たちの被ばく線

原子力安全研究協会：原子力の平和利用に貢献することを目的として，1964 年設立。原子力の安全性に関する研究や科学技術情報の普及，学術資料の刊行やセミナーなどを行っています。
国民線量：国民全体を評価対象とした集団線量

量に大きな割合を占めていることになります。食品という観点では，カリウムも大きな割合を示しています。カリウムは生物に必要な元素ですが，地球上に存在するカリウムのわずか 0.01％は放射性カリウム（カリウム 40）です。体内のカリウム濃度は一定になるように保たれており，成人男性 60 キログラムでは 4000 ベクレル程度が存在します。

表 22-1　日常生活における被ばく（単位：ミリシーベルト / 年）

	自然放射線				医療・健康診断など
	内部被ばく		外部被ばく		
	ラドン・トロンの吸入摂取	食品の経口摂取	宇宙線	大地からの放射線	
世界平均	1.26	0.29	0.39	0.48	0.6
日本平均	0.48	0.99	0.3	0.33	3.87

外部被ばくの観点からもやはりウラン系列とトリウム系列が寄与しています。世界には，大地放射線が日本の 0.33 ミリシーベルト／年の 2 倍から 10 倍も高い地域があります。例えば，イランのラムサールでは 4.7 ミリシーベルト／年，インドのケララでは 9.2 ミリシーベルト／年などです。これらの地域は，土壌中にウラン系列やトリウム系列のラジウム，トリウム，ウランなどが多く含まれています。疫学調査も行われていますが，

現時点では，がんの死亡率や発生率の顕著な増加は報告されていません。地球誕生以来の付き合いで人の進化の歴史の中に織り込み済みなのかもしれません。

宇宙線による外部被ばくは，高度が高いほど受けやすくなります。そのため，国際線の航空機を利用した場合は国内線に比べて被ばく線量が多くなります。例えば，東京ニューヨーク間を往復した場合，0.1～0.2 ミリシーベルトの被ばくをします。ちなみに，この被ばく線量は，食品中のカリウムからの年間被ばく線量に相当します。

文明の発展に伴い，人類は放射線を利用するようになりました。医療では，診断や治療に放射線が利用されています。被ばく線量としてみると，歯科撮影で 0.002～0.01 ミリシーベルト，胸部エックス線撮影で 0.06 ミリシーベルト，CT 撮影では 5～30 ミリシーベルトなどです。放射線検査による被ばく量は，体格や病態の違いにより個人差が大きいのですが，日本人は世界平均に比べると高くなっています。特に被ばく線量が高くなりやすい CT 検査の多さが一因のようです。

このように，私たちは，放射線と密接な関わりをもって暮らしています。

チェルノブイリ原発事故の際に日本で観測されましたか？

Question 23

Answerer 長田 直之・五十嵐 康人

1986 年 4 月に発生したチェルノブイリ原発事故では，大量の放射性物質が環境中に放出されました。日本でもこの事故由来の放射性物質が検知され，放射性エアロゾルについて多くの知見を与えました[*23-1]（**Q. 11 を参照**）。例えば，エアロゾルを「空気動力学」を応用した仕組みである「アンダーセンサンプラー」（**Q. 8** でお話したインパクターの大きい版です）を用いてサイズごとに分け（分級と言います）し，「粒径分布」が求められています。中央径（「空気動力学的放射能中央径」；AMAD）とは，**図 23-1** のようにインパクターの各分級段での物質量（この場合は放射能）を累積（足し算して積み上げる），全量が 1 になるようにして，プロットしたとき，その累積割合の中央すなわち横軸の 0.5 の位置に相当する粒径のことを言

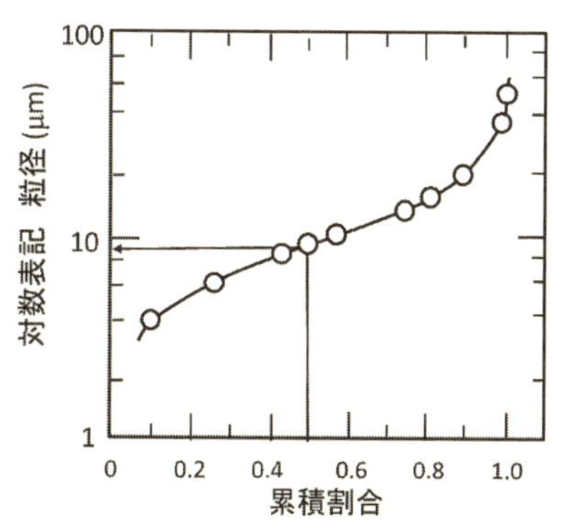

図 23-1　中央粒径の求め方（→の数値が中央径；この場合約 9 ミクロン）[*23-2]
インパクター（Q. 8 を参照）など複数段に分粒して得られたデータを累積（足し上げていきます）でプロットし，その割合が重量で求められているのであれば質量中央径，放射能であれば放射能中央径と呼ばれます。

います。

その結果，チェルノブイリ原発事故由来の放射性エアロゾルの中央径は，ヨウ素131＜セシウム137，ルテニウム103＜＜ストロンチウム90＜プルトニウム239,240（プルトニウムの分析では同位体の239と240は別々に分けて測れないためこういう表現をします）という順序で大きくなることがわかりました。それぞれの放射性物質が属する元素の性質によって，粒径が変わるという事例です。さらに，1986年5月末までの観測によると，粒径分布は時間がたつとともに変化し，中央粒径がセシウム137の場合0.4ミクロンから0.7〜0.8ミクロンへと増加し，ルテニウム103についても同様な傾向が見られました。空気中に漂っている時間が長ければ長いほど，放射性エアロゾルはそれを担う硫酸エアロゾルや有機物エアロゾルが構成材料のガスを集めたり，互いに凝集しあったり，さらには雲や霧を経ることで粒径が大きくなる，すなわち徐々に成長していくと考えられます。これらの過程は，一般のエアロゾルが大気中で受ける過程そのものと言えます。**Q.3**や**Q.8**で説明したエアロゾルの大きさを参照していただければ理解が深まると思います。

エアロゾルの大きさと長距離輸送[*23-3, 4]

チェルノブイリ原発事故由来の放射性物質について，日本の大気・降水中で観測された核種組成と放出源での報告値とを比べてみると，大きく異なっている核種がありました。同事故では，セシウム137の放出量を100％としたとき，ストロンチウム 90 ではその 22%，プルトニウムではその 0.17%の放出がありました。ところが，日本の大気・降水で観測された放射性核種の割合はかなり低い値となり，ストロンチウム 90 の場合では，セシウム 137 に対して約 1%しか輸送されてきませんでした。つまり，長距離輸送されている間に，ストロンチウムやプルトニウムは除かれてしまった，ということになります。上述したように，ストロンチウムやプルトニウムに比べて，セシウムは粒径が小さいため長時間大気中にとどまり，長距離輸送されやすいのです。ちなみに，福島第一原発事故に際してヨーロッパで観測された粒子状のヨウ素 131（ガス状とエアロゾルがあります；**Q.5 を参照**）やセシウム 134, 137 の粒径も 1 ミクロン以下であったとのことですから，粒径が小さいほど長距離輸送されやすいという事実が再確認されたと言えます。

放射性エアロゾルは，多くの場合，降水によって地表面へ落ちます。チェルノブイリ原発事故の際につくば市で観測された結果では，全体の降下量に対する降水による寄与は，セシウム 137 では 88%，ルテニウム 103 では 91%というように，大気中の放射性物質の大部分は降水によって大気から除去されました。他方，降水による除去ではない乾性沈着量を計算したところ，ヨウ素 131 <セシウム 137，ルテニウム 103 <<ストロンチウム 90 <プルトニウム 239, 240 と，中央径と同じ順序で沈着量が多くなることがわかりました。沈着量は，大気中濃度と沈着速度の掛け算で求められ，【沈着量】=【大気中濃度】×【沈着速度】となります。すなわち，放射性エアロゾルは重力沈降等による「乾性沈着速度」（**Q. 11 を参照**）が大きいほど，

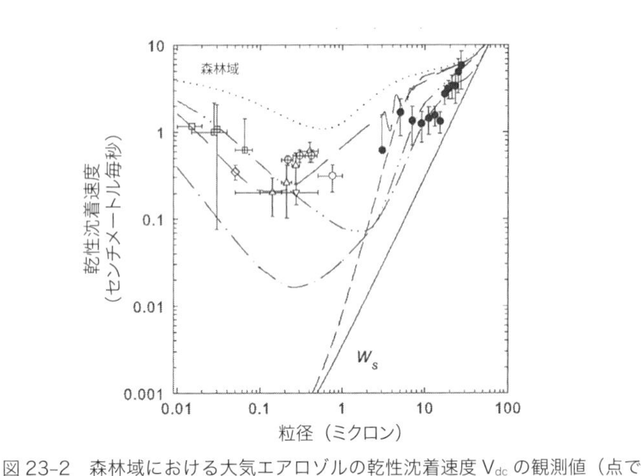

図 23-2　森林域における大気エアロゾルの乾性沈着速度 V_{dc} の観測値（点で表されています；単位：センチメートル毎秒）
粒径（0.01〜100 ミクロン）に対してプロットされています。W_s は重力による沈降速度を表す直線（実線）。破線のカーブは複数のモデル計算値。0.1〜1 ミクロン付近に極小があります[*23-1]。

大気中濃度は下がりやすい，言い換えると大気から除去されやすかったことを意味しています。この関係をもとに計算された沈着速度は毎秒 0.023 から 2.0 センチメートルの範囲にあり，時間的に変動しました。これらのデータをまとめたときに，一般的なエアロゾルについてしばしば言及される傾向，「エアロゾルの大きさが 1 ミクロン前後で沈着速度が最小となり，それより大きいまたは小さい方向になると，沈着速度が大きくなる」という傾向（**図 23-2 を参照**）も確認されています。このことは，放射性エアロゾルであっても，放射性物質を担っているエアロゾルの粒径という物理的な性質が，乾性沈着を決めるということを示しています。

チェルノブイリ事故で放出されたもっと大きな放射性エアロゾルの特徴

同事故では，原子炉本体が爆発炎上してその内部が大気に直

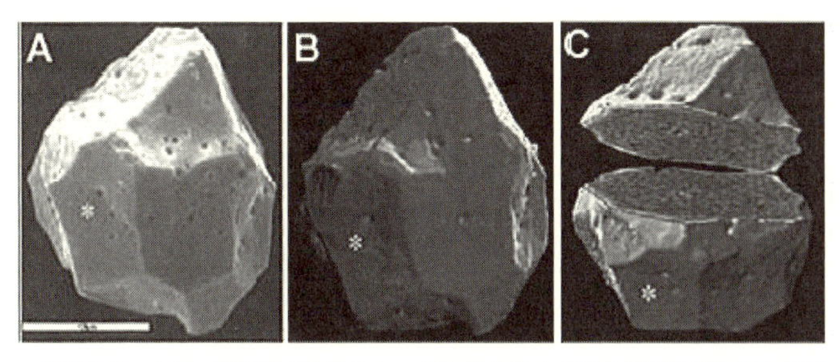

図 23-3　ウラン酸化物が主体となっているやや大きめの放射性微粒子の走査型電子顕微鏡画像の例
(A) バーの長さが20ミクロン　180°回転させながら，500枚の撮像を行って得られた表面の画像（B）と内部の画像（C；トモグラフィー）　＊が同じ位置を示します（わかりやすさのため着色されていますが，実際の粒子で表面が青色，内部が橙色をしているわけではありません）*23-2。

接さらされる事態となったため，日本に長距離輸送されたエアロゾルとは違うタイプの放射性エアロゾルも放出されました。

ひとつ目のエアロゾルは北欧で事故直後に見つかったもので，放射性ルテニウム（103 と 106）またはバリウム—ランタン 140 が主体の球形の 1～2 ミクロンの大きさをもつ放射性エアロゾルです。球形という点では，「セシウムボール」と似ています（**Q. 24 を参照**）が，構成核種・元素は異なります。主体となる放射性核種の他，モリブデン，テクネチウム，ロジウム，ニッケル，鉄，パラジウムなどの放射性核種を含みます。しかし，ウランなどの燃料由来の元素はほとんど検出されません。同原発事故では炉心が非常な高温にさらされ，内部がむき出しとなり酸素がたくさんあるという条件だったため，福島第一原発事故では見られなかったタイプのエアロゾルが放出されたようです。

もうひとつは，チェルノブイリ原発の比較的近傍で見つかっているさらに大きめのエアロゾルで，チェルノブイリ「ホット・パーティクル」と呼ばれることがあります。放射性物質濃度が高く，放射能強度が「ホット」な粒子という意味です。これらは**図 23-3**（**口絵 4**）に示すように数～数十ミクロンの大きさで主にウランの酸化物で構成されており，放射性ジルコニウム，セリウム，プルトニウムなどの蒸発気化しにくい放射性核種や元素を含んでいます。物理的な形状はさまざまなので，先の球状エアロゾルとは異なり，爆発により飛び散った核燃料と炉材が起源であると考えられています。福島第一原発事故では炉心の爆発や炎上などは発生していないため，チェルノブイリ事故由来の放射性エアロゾルとはその特徴が異なると考えられます。

福島第一原子力発電所事故で観測されたものは何ですか？

Question 24

Answerer 五十嵐 康人・長田 直之

東京電力福島第一原子力発電所の事故で放出された放射性エアロゾルの特性は，完全にはわかっていませんが，まずは放射能と質量の関係から考えてみましょう。大気中に放出された放射性核種は，放射能で考えるとペタベクレルの単位になりますから，実にぼう大です。しかし，これをそれぞれの放射性核種の質量に換算しますと，せいぜい数キログラムにしかなりません（**表 24-1**）。半減期と重さは反比例の関係にあるため，半減期の短い放射性核種はわずかな質量でも，放射能としては大きな値になります。大気中に放出された放射性核種は，そのまま放射性核種だけの放射性エアロゾルになる場合もあります。

表 24-1　放射能から重量に換算した主要な核種の福島第一原発事故による放出量*24-1
重量で眺めると，一番はセシウム 137 で，二番目がキセノン 133 になります。

核種	半減期	放出量／ペタベクレル	放出量／グラム
キセノン-133	5.25 日	11000	1590
テルル-129m	33.6 日	3.3	3.0
テルル-132	3.26 日	88	7.8
ヨウ素-131	8.04 日	160	35
ヨウ素-133	20.8 時間	42	1.0
セシウム-134	2.06 年	18	380
セシウム-137	30.0 年	15	4660
ストロンチウム-89	50.5 日	2	1.9
ストロンチウム-90	29.1 年	0.14	28
プルトニウム-239	24100 年	0.0000032	1.4
プルトニウム-240	6540 年	0.0000032	0.4

通常の大気中にはたくさんのエアロゾルが浮いています。その大きさによってもずいぶんと幅がありますが，日本の一般環境では1ミクロンに満たない微小なエアロゾルが空気1リットルあたり数万～数百万個程度あります。例えば，硫酸エアロゾルの場合，日本だけでもその原料物質の二酸化硫黄の1日あたりの発生量はおよそ2000トンに達します[*24-2]。そのため，事故現場から運ばれていくに従い，ぼう大な数が存在する一般のエアロゾルと混在・混合していくことになるでしょう。つまり，放射性核種は，放出された場所から離れれば離れるほど，一般の大気エアロゾルと混じり合い，広がっていった，あるいは拡散したと考えられます。

エアロゾルの大きさ（粒径）から推定できること

次に粒径から推定できることを考えてみましょう。**Q. 3**と**Q. 8**で説明したように，大気エアロゾルには特徴的な粒径分布があります。また，チェルノブイリ事故でも放射性核種はそれぞれ，特徴的な粒径をもちました（**Q. 23を参照**）。このような粒径から，原子炉事故での放射性エアロゾルの特徴をある程度，推測できそうです。もし，放射性物質が高温のため気化蒸発して気体状で放出されていれば，事故現場付近ではごく微小（ナノスケール）で，輸送の途中で徐々に成長していきます。あるいは水蒸気が立ち込める条件では，すぐに水が凝結してより大きな粒子（数百ナノ～1ミクロン前後）となるかもしれません。また，時間の経過によっても大きな放射性エアロゾルとなります。ウランやプルトニウムなど，高温でないと蒸発しな

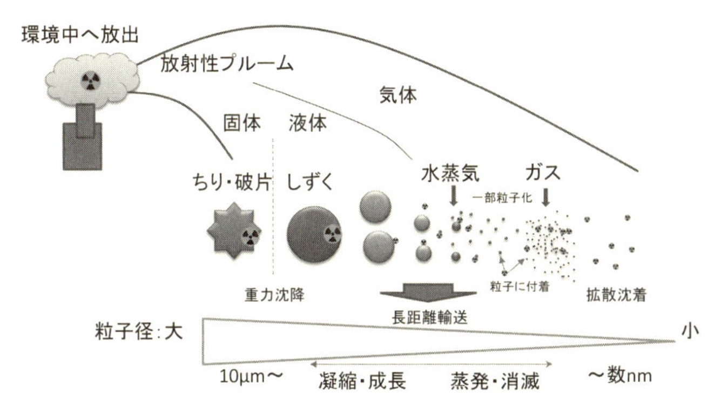

図 24-1　原発事故等で放出される放射性エアロゾルの大きさの比較
いったん蒸気＝ガスとなった放射性物質が粒子となることを想定。ここでは別々に描いていますが，放射性物質と非放射性物質は実際は最初から混合しているかもしれません。μm はミクロンを表します。

い元素は，融けてしずくとなったり，水素爆発で破片となったりして，初めから数ミクロン以上の大きさを持つ粒子となりやすいでしょう。また，ヨウ素やセシウムは，ストロンチウムやルテニウムなどの放射性元素に比べても相対的に低い温度条件で揮発するので，これらは小さな粒径分布を示す可能性があります（**Q. 23 を参照**）。原子炉内で冷却水や臨時に注入された海水が沸騰したり，高温で融けた燃料，原子炉部材の金属やコンクリートが接触して発泡したり，泡がはじけて飛沫が飛んだ場合には，大きな放射性エアロゾルとなる可能性があります。また，爆発で粉々になってできたさらに大きな放射性粒子があるかもしれません（**図 24-1，口絵 5 を参照**）。

放射性エアロゾルの正体に迫った研究としては，事故直後ではありませんが，茨城県つくば市で 2011 年 4 〜 5 月に行われた観測があります＊19-1。それによると，放射性セシウムは 1 ミクロンよりも小さく硫酸塩エアロゾル（非海塩性：nss 硫酸）と同じ粒径分布をもっていました（**図 24-2，口絵 6**）。このこ

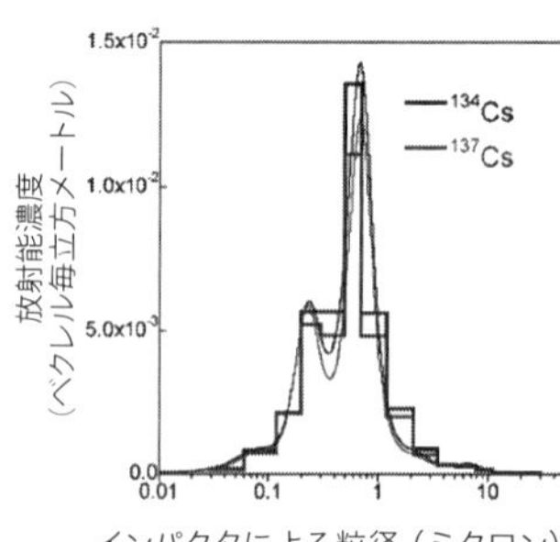

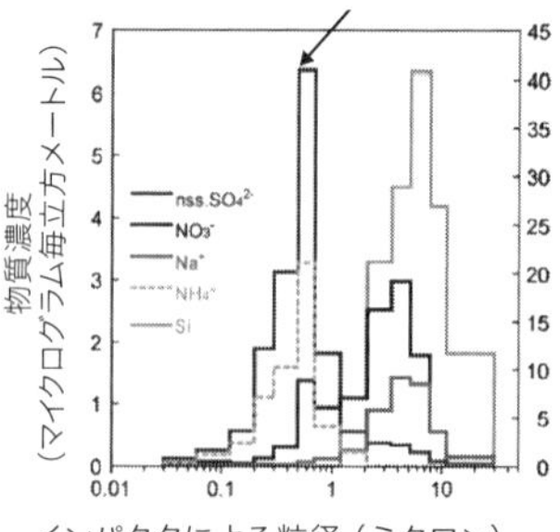

図 24-2　2011 年 4〜5 月に茨城県つくば市で観測された放射性物質の粒径分布（左）と nss 硫酸，硝酸，ナトリウム，アンモニウムの各イオン，ケイ素など大気エアロゾルを構成している物質の粒径分布（右）の比較
→で示した nss 硫酸とアンモニウムは，放射性セシウムと同じ横軸位置にピークがあります。縦軸は各粒径幅ごとの放射能濃度（左）と物質濃度（右）*19-1
よりよき理解のためには，図 3-3 を参照してください。

とと過去の研究も踏まえ，福島第一原発事故では，放射性セシウムは主に硫酸エアロゾルに担われて運ばれたと考えられています。硫酸エアロゾルは水溶性ですので，放射性セシウムも水に溶けやすい状態であったと考えられ，セシウムが 3 月 20 日以降の短い期間に，河川水や水道水などで検出されたことをよく説明できます。

これに対して，3 月に関東地方に最初に達した放射性プルーム（**Q. 12 を参照**）からは，水に溶けない球状のセシウムを含む 2〜3 ミクロンの粒子が検出されています（後述）。水に溶けるか溶けないかは，放射性セシウムの環境での動きや人体への取り込みと排泄を左右する重要な因子です。ちなみに，水に溶ける粒子は球状セシウム粒子よりもかなり小さいということを**図 24-2** で確認してください。今後さらに研究を進め，放射性エアロゾルの性状については究明する必要があります。

放射性ヨウ素を含むエアロゾル

人体の内部被ばくの点から重要と考えられる放射性ヨウ素についても触れておきましょう。放射性ヨウ素は，ほとんど全量がエアロゾルとなっていたセシウムとは異なり，気体状あるいはエアロゾルの二つの形態があります。気体状のヨウ素には，ヨウ素単体の蒸気と有機化したメチルヨウ素の二種類があります。気体状の方が粒子状のヨウ素よりも体内へ取り込まれやすいため，被ばく線量は大きくなると考えられています。ですから，粒子状であるか気体状であるかを区別して測定する必要があります。粒子状ヨウ素は，一般的に使用されるフィルターで採取できます。しかし，この方法では気体状ヨウ素を捕まえることはできません。フィルターに加えて活性炭や活性炭繊維などを使って捕集することが必要となります。このような捕集方法を備えた観測点は少なかったため，福島第一原発事故直後の観測データはごく限られた地点でしか得られていません。つくば市での観測では，放射性ヨウ素の 9 割前後が気体状だったと報告されています[*24-3]。また，つくば市から約 60 キロメートル北東の東海村にある日本原子力研究開発機構の測定では，放射性ヨウ素の気体 / 粒子の比は 1 から 10 の間で変動し，3 月 15 日，16 日，20～22 日ころは比が 1 でしたが，その他の期間では 2 以上であったと報告されています。

セシウムボールとは

E テレの「サイエンス ZERO」や NHK 総合の「クローズアップ現代＋」で広く一般の方にも知られるようになったのが，放

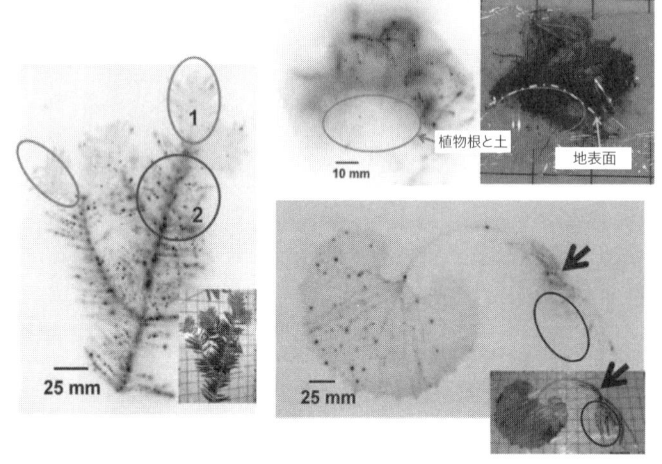

図 24-3　福島第一原発事故で汚染した植物試料のイメージングプレート（IP）による画像例　＊24-5 から一部改変して引用
点状の像は放射性物質が濃集していることを示します。

射性セシウムを含む不溶性の微粒子である通称「セシウムボール」です。福島第一原発事故の環境への影響調査では，汚染された土壌，植物，大気フィルター，ほこりなどの「イメージング・プレート（IP）」による放射性物質の分布像がたくさん報告されました。IP は従来のレントゲンフィルムがデジタル媒体にとって替わられたと考えればよく，放射線がたくさんのエネルギーを与えた箇所ほど，黒が濃くなります。

こうした IP 画像では，ほぼ例外なく，点状の像が見られました（**図 24-3，口絵 7**）。また，東日本の広い地域で医療用の IP で点状の像が見られる事例が続きました。もし，放射性物質が微小なエアロゾルに含まれていたとすると，IP では点状の像とはならず，試料全体からまんべんなく放出されるベータ線で，試料の形の像だけが写るはずです。実際はそうではなく，黒点が現れるということは，放射性物質が集まったやや大きめ

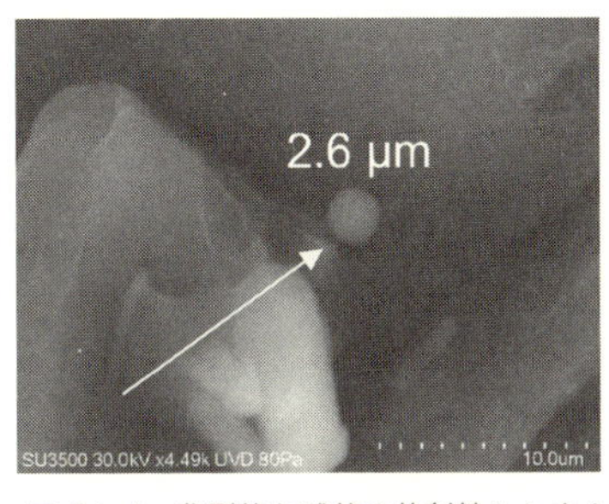

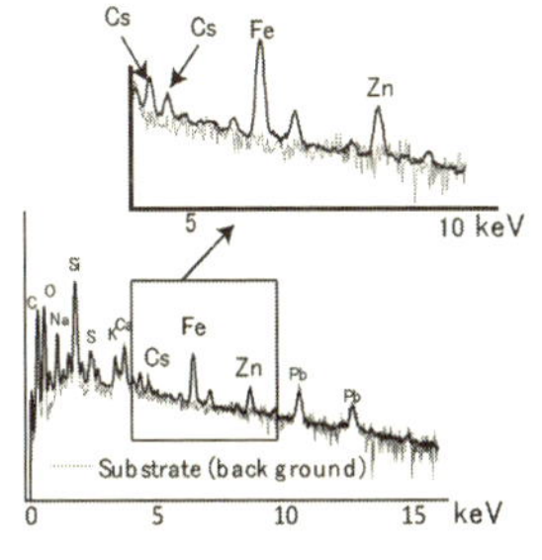

図 24-4　典型的な球状の放射性セシウムを含む粒子（左；矢印）*24-6
同粒子の走査型電子顕微鏡でのエックス線スペクトル（右）　検出された元素が記号で示されています。

の粒子（エアロゾル）の存在を示唆しています。しかし，IPだけの情報ではどのような粒子なのかが正確にはわかりません。これらの点状のイメージを与える放射性物質の正体は完全には解明されていませんが，その解明の端緒になると思われるのが，セシウムボールの発見です。

セシウムボールは，2011 年 3 月 14～15 日にかけてつくば市で大気エアロゾルを集めたフィルター試料から，電子顕微鏡による観察で見いだされました。事故起源の放射性セシウムを数ベクレルと，鉄，亜鉛などの金属とケイ素を含む，直径数ミクロンの球状粒子です（**図 24-4**）。放射光施設でのエックス線分析により，結晶のような規則的な構造を持たない「アモルファス状」の「酸化物」の塊であることがわかりました。この粒子は水にさらしても溶けず，酸化作用が強くて多くの物質を簡単に溶かす硝酸にも溶けないものがあります。また，わずかですがウランを含むものがあることもわかっています。ケイ素が主体ということがわかってきたので，セシウムボールは一種のミクロなビー玉と考えてよさそうです。その後，つくば市だけでなく，福島第一原発の北西方向の複数の地域で，学校のプールの水，溜まった泥や表土試料からも見つかっています。事故現場に近い所では，より大きな粒径の粒子が落ちやすいため，大きな粒子が見つかると考えられましたが，予想通りに，数十ミクロン以上の粒径で放射能はつくば市の例の千倍以上に達するものまで見つかっています＊24-7。

セシウムボールと被ばく

従来，放射性セシウムは水溶性で1ミクロンよりも小さな硫酸エアロゾルによって運ばれたと考えられてきました（**図24-2参照**）。しかし，セシウムボールの発見により，それだけでないことがわかりました。これまでの線量評価も見直す必要が出てくるかもしれません。特に粒径の大きなものは呼吸器深部には入ってはいかないし，溶けないものは腸管からは吸収されないと考えられますが，事故現場で働く作業者に加えて，高い個数濃度のセシウムボールにさらされた住民の方が万が一いれば，放射線防護上，注意を払う必要があるでしょう。放射性セシウムが溶けやすく速やかに呼吸器から除かれていく場合と，溶けにくく残留しやすい場合とでは，現行の「ICRP モデル」による線量（**Q. 10 を参照**）が数桁違う可能性があるとされます。なお，セシウムボールといえども，リスクがあり得るのは，たくさんの個数を取り込んだ場合だけと言ってよいでしょう。今後，セシウムボールによるリスクが生じる可能性があるとすれば，溶融燃料の取り出しや激しい汚染がある炉内などの除染作業です。不溶性粒子が作業環境や一般環境へ放出されないよう，十分に配慮されるべきでしょう。

IP のイメージは放射線によるエネルギーの損失＝吸収のイ

メージにほかなりません。これはそのまま，ベータ線による内部被ばくのイメージでもあります。一般論として，放射性物質が濃縮するか否かが，内部被ばくにとって重要な因子です。放射性ヨウ素が問題なのは甲状腺に集積するからであり，ストロンチウムやラジウムは骨に沈着して骨髄を照射します。放射性セシウムの場合は全身の筋肉に分布するため，局所に被ばくが集中することはありません。

前述のように溶解性に応じた呼吸による放射性核種の取り込みと内部被ばくは，現行の ICRP によるモデルでも考慮がなされています（**Q. 15 と 17 を参照**）。しかし，不均一被ばくによる影響は，均一な被ばくによる影響を超えることはないとされ，セシウムボールのような粒子による被ばくはほぼ想定外と言ってよいでしょう。実際はどうなのか，慎重に調べていく必要があります。今後，放射線生物学・医学的な実験研究が実証的に取り組まれ，影響評価が正しく行われることを期待します。福島第一原発事故の汚染や影響研究では，従来の知見を超える事象が将来にわたり，いくつも見いだされていく可能性もあります。

役に立つことはありますか？

Question 25

Answerer 五十嵐 康人・長田 直之

はい，あります。例として「核医学」と「トレーサー」，「時計」について説明します。

医学での利用

「核医学検査」と言いますが，人体に「放射性医薬品」を投与して，放射性医薬品に含まれる放射性核種が放出する放射線を元に，放射性医薬品の分布状況を画像として得る方法があります（**図 25-1**）。これを「シンチグラフィ」と呼びます。生化学検査が発展してきた現在，放射性医薬品を使った検査は多用されないようになってきているのかもしれませんが，さまざまな臓器の位置，形態や病巣の把握（静態シンチグラフィ），あるいは時間をかけてその変化を追跡し，血流，機能を調べること（動態シンチグラフィ）などに用いられてきました。そのひとつとして，放射性物質を人工的に付着させたエアロゾルを作成し，それを人に吸入させることで，その人の呼吸器の機能を調べるという方法が使われます。例えば，人血清アルブミンにテクネチウム 99m（半減期 6.0 時間）という短寿命の放射性核種で標識をつけ，噴霧器で放射性エアロゾルを作り，肺機能

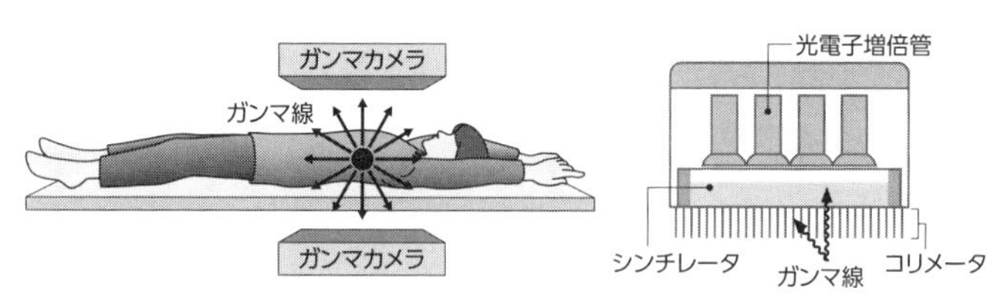

図 25-1　核医学検査の模式図（左）とガンマカメラの模式図（右）
＊25-1 をもとに作図

障害をもつ患者さんに吸入してもらい，その沈着パターンから診断を行うという方法があります。テクネチウム 99m はガンマ線を放出しますがベータ線は放出しないので，内部被ばくを低減できるという利点があります。この方法では，呼吸器の繊毛運動を調べることも可能です。

最近は，肺換気能を調べるために，テクネチウム DTPA（有機物の一種）やテクネガスといった放射性医薬品が，キセノン 133（半減期 5.2 日）やクリプトン 81m（半減期 13 秒）といった希ガスとともに使われて，断層写真として画像を得るように発展しています。テクネガスは，テクネチウム溶液を 2500℃の高温にした炭素るつぼに注入することで生成される微小な炭素（50 ナノメートル程度）が主体の放射性エアロゾルです。粒径が小さいために，気体のように挙動するようです。気になるのは被ばく線量ですが，肺組織が受ける内部被ばく線量としては，37 メガベクレルを投与したときに 40 ミリグレイ程度ということです。この線量は人体の個別の組織が吸収した放射線のエネルギーを放射線の線質を考慮して求められた「等価線量」ですから，全体への平均的な人体影響を考慮した「実効線量」に換算するともっと小さい数字になります（**Q. 17 を参照**）。また，現在のガンマカメラは高感度になっているので，被ばく線量はもっと小さくなっていると考えられます。

核医学検査では，用いられる放射性核種はなるべく内部被ばくが小さくなるよう（最大で 8 ミリシーベルト程度），短半減期で，体外から計測しやすいガンマ線を放出するものが選ばれています。医薬品として，「医薬品医療機器等法（旧薬事法）」

によって厚生労働大臣の許可により製造販売が認められたものです。なお，医療行為による放射線被ばくは，放射線障害防止法による被ばくには含まれません。ところで，日本の医療被ばくは諸外国に比べ高めである（**表 22-1 を参照**）という批判があります。諸外国に比べ，治療の確実性を高めるため，放射線を用いる撮像検査回数が多いためと考えられています。より高感度のガンマカメラや方法論が開発され，被ばく線量を低減しつつ，有用性の高いものとなっていくことが望まれます。

目印（トレーサー）として，自然界の時計としての利用

ウランやトリウムを一種のトレーサーとした研究が，沖縄諸島の赤土（沖縄では島尻マージと言います）について行われています*25-2。従来，島尻マージは 100 万年前以降にできた隆起サンゴ礁からなる母岩（石灰岩）から熱帯特有の風化過程でつくられたと考えられていました。しかし，島尻マージはウランやトリウムの系列核種を比較的多く含んでおり，また島尻マージの堆積厚さに相当する母岩の風化に必要な時間を計算すると 100 万年を超えてしまうなど，地質学的な考察と整合しません。このため最近では，風によって運ばれた土ぼこり（これもエアロゾルです；**Q. 11 を参照**）が堆積して島尻マージになったと考えられています。しかし，現在の黄砂や黄砂発生源地域のウランやトリウム系列核種（**Q. 2 を参照**）の濃度は，島尻マージほど高くはなく，やや違っています。ならば，島尻マージはどこから飛来したのでしょうか？　中国南東部にはウランやトリウムが高濃度で土壌や母岩に含まれる高自然放射線

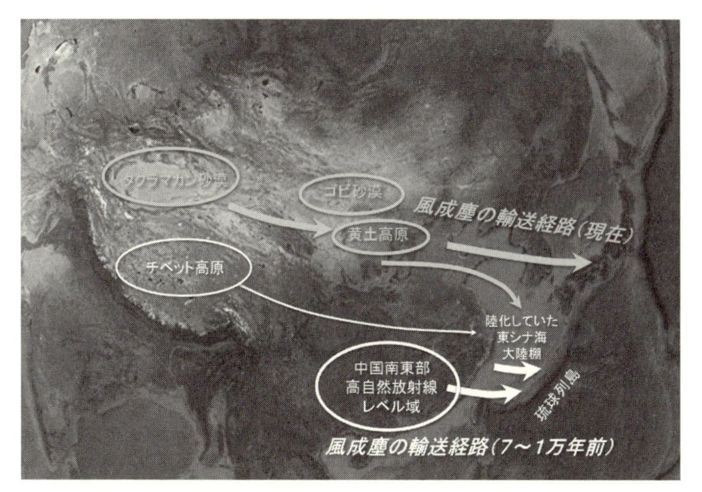

図 25-2 現在の風成塵の主要な起源地（タクラマカン砂漠，ゴビ砂漠，黄土高原）と輸送経路，および推定される7万〜1万年前（最終氷期）の風成塵の起源地（チベット高原，中国南東部）と輸送経路。最終氷期には，陸化していた東シナ海の大陸棚も風成塵の供給地であった可能性があります。地図は Google Earth を使用[*25-2]。

地域がある（**図 25-2，口絵 8**）ことが知られています。この地域の土壌の化学組成やウランやトリウムの系列核種の特徴は，島尻マージと似ています。そこで次のような推定がされました。最終氷期（約 7 万〜1 万年前）には，寒冷化によって中国東南部までが現在の中国北部や北西部のように乾いた領域となり，上空を通過する空気の強い流れが砂嵐を引き起こす環境となっていました。巻き上がった土ぼこりは，沖縄諸島にも飛来して盛んに降り積もり，堆積が進んだというのです。

これとはやや違った使われ方として，アイスコア（氷床）や湖沼の堆積物の積もった年代を特定する目印として，グローバル・フォールアウトやチェルノブイリ事故の際のセシウム 137 の降下量増大（**Q.7 を参照**）を用いることがあります。地球環境の将来予測が必要とされている現在，過去の環境変動の研究が盛んに行われています。堆積物の年代を正しく求めることはその基礎となることから，自然の放射性物質である鉛210を使った年代測定もひんぱんに行われています。ある一定の規則（半減期）で放射壊変によって放射性核種は減っていきます（**Q.6を参照**）。半減期は，高温，高圧，高電圧や高磁場でも変わらないので，放射性核種は，自然界の時計・タイマーとして使われるのです。

大気エアロゾルの滞留時間（寿命）測定に利用

大気中のエアロゾルは上空では雲の核となると考えられています。また，地表面の近くでは大気汚染物質の窒素酸化物や硫黄酸化物，有機物も粒子となるため，エアロゾルの濃度が大気汚染の指標となると見なされています。そのため$PM_{2.5}$の濃度が話題となり，日々報じられるようになりました。いずれも気候や健康に影響があることから重要な情報であり，その動きや発生もしくは消えるまでの時間や仕組みというのは，研究対象に値する興味深いものです。しかし空気中のエアロゾルの追跡は困難です。1000分の1ミリ程度の自然のエアロゾルが1立方メートル中に数百万個も浮遊しており，風まかせで飛んでいます。これと決めたエアロゾル一つに印をつけることがたとえできたとしても，一度飛ばしてしまうと二度と見つけることはできないでしょう。エアロゾルの動きや寿命というのはどうやって計ればよいのでしょうか。何か工場事故でも起こり，火災煤煙に特徴的な物質が含まれていれば，その工場から出たものという推測は簡単です。原発事故でも放射性物質が含まれる特徴を持ったエアロゾルが放出されたため，由来や挙動を突き止めることができました。例えば，福島第一原発事故由来の放射性セシウムの地面へ降ってくる量の減り方から，おおよそ2週間くらいの半減時間で対流圏を漂ったことが推定されています。しかし，そうそう事故がたびたび起こっては大変ですし，研究のために放射性物質をエアロゾルに含ませて飛ばすわけにもいきません。

さて，地球には宇宙線が降り注いでおり，大気の上空では核反応が起きています。その核反応により放射性ベリリウムという原子ができていることは**Q.5**でお話しました。これらは大気上層部で生成するということがわかっているため，その放射性核種を測れば大気上層部からどれくらいの時間が経過して地表面まで降りてきたかということがわかります。ベリリウムを始まりが明らかなタイマー代わりに使うわけです。このタイマーを使って，成層圏中のベリリウム10は14か月，対流圏の下層ではベリリウム7が10～48日の平均滞留時間であると見積もられています。ベリリウムの同位体のうち地表面起源の放射性ではないベリリウム9が9日程度と見積もられているのに比べ，より長めの結果が得られました。この放射性ベリリウムをトレーサー（追跡の目印）とすることで，成層圏のエアロゾルが下に降りてくるのにかかる時間や，地表面に落ちた後，付着した土壌や氷雪がその場所に来てからどの程度たつか（寿命の短いベリリウム7があれば新しい）ということや，海水中にあるベリリウム7を測ることで，表層の水がどれくらい深くもぐりこんでいるかということが見積られています。また，ほかの放射性核種の鉛210，ビスマス210，ポロニウム210

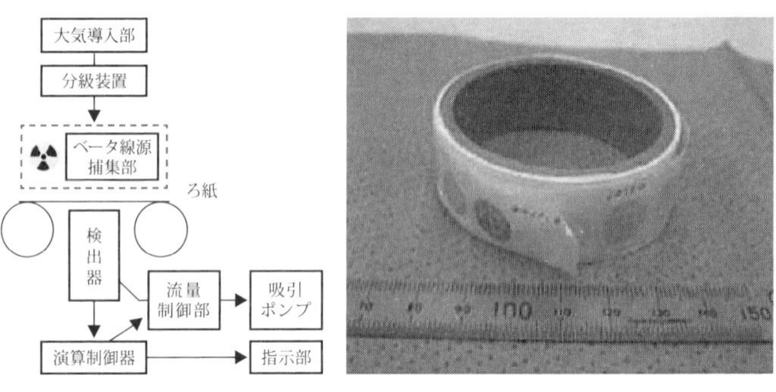

図 25-3　ベータ線源の SPM 測定装置での使われ方（左，点線枠部）環境計測ガイドブックをもとに改作図*25-3，テープろ紙（右）*25-4

などと組み合わせることで，さまざまなものの滞在時間の研究が進んでいます*25-5, 6。

放射性物質とエアロゾル研究

さて，放射性エアロゾルではありませんが，浮遊粒子状物質（SPM），$PM_{2.5}$ やナノサイズのエアロゾルの計測には，放射性物質が広く使われています。まず，SPM の計測について説明しましょう。SPM は，大気浮遊粉じんのうち，10 ミクロン未満の粒子状物質のことを指します。発電所，ボイラーなどや自動車の排出ガスなどから発生して，大気中に長時間滞留し，高濃度で肺や気管などに沈着した場合，呼吸器などに影響を及ぼすと考えられます。そのため，「大気汚染防止法」での監視対象となっており，地方自治体や国が SPM の自動観測装置によって常時監視データを取っています。各地での観測データは，$PM_{2.5}$ 問題で関心を呼んだ情報提供ウェブサイトである「そらまめくん」にリアルタイムで掲載されています。SPM 自動観測でベータ線を利用する装置では，**図 25-3** にあるように，連続して巻き取られる「ろ紙テープ」上に大気中の粒子状物質を捕集します。粒子状物質が乗った場合，ベータ線が粒子状物質

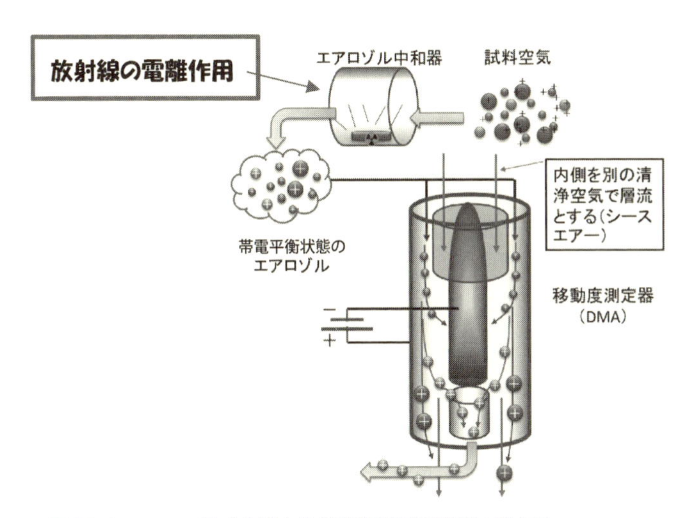

図 25-4　エアロゾル中和器と微分型移動度分析装置の概念図
ある一定の電荷と大きさの比を持つエアロゾルだけが電圧のかかった筒を透過していき，分級されます。＊25-7 をもとに改作図

に散乱されたり吸収されたりするために，何も乗っていない場合に比べ，ベータ線がろ紙テープを通過して検出器に届く率が下がります。ベータ線が届く率と粒子状物質の量との関係をあらかじめ調べておけば，SPM 濃度がわかります。ベータ線源には放射能強度が 3.7 メガベクレル以下のプロメチウム 147（半減期約 2.6 年）や炭素 14（半減期約 5800 年）が利用されています。このような監視装置は全国で少なくとも 2 千台ほどが稼働しているようです。装置の空気取り込み口に分粒装置を取り付けた製品も市販され，$PM_{2.5}$ 監視用にも用いられています。

関連して，SPM 計のろ紙テープに残された福島第一原発事故起源の放射性物質を測定し，事故からの放射性プルームの流れをより詳しく解明しようとする研究も行われていて，成果が徐々に明らかになってきています（**Q. 12 を参照**）。SPM 計のろ紙テープは通常1時間ごとのサンプルが残されており（**図25-3**右），原発事故やその他の化学物質による甚大な汚染に際しては，有効に活用することが可能と考えられます。

PM$_{2.5}$よりもずっと小さなエアロゾルの個数濃度を測定するためには，微分型移動度分析装置（DMA）と呼ばれる装置が用いられます。この装置は，帯電したエアロゾルの電気移動度（単位電界あたりのエアロゾルの移動速度）がエアロゾルの大きさ（粒径）によって異なることを利用した静電分級器です（**図25-4**）。自然にはエアロゾルは同じ大きさでそろっていることはなく，粒径分布をもちます（**Q.8を参照**）。そこで，その分布を知るためには，電気移動度の差によってエアロゾルを大きさごとに分けて，過飽和成長させた後，レーザー光を照射し光学的に粒子を数えます。このような分粒を行うためには，エアロゾルの帯電状態がそろっていなければなりません。自然界では，エアロゾルの帯電状態はバラバラです。そこで，放射性物質を用いたエアロゾル中和器が利用されています。中和器は放射線のエネルギーによって試料空気中にイオンを作り出します。このイオンによって帯電状態が整います（帯電平衡）。そうするとエアロゾルの電気移動度は粒径にほぼ比例することになりますから，進行方向に垂直に電圧を加えると，ある粒径のエアロゾルだけが流路に沿って流れることになります。流路に沿って流れたエアロゾルだけが，計数器で数えられます。この電圧を変化させることで，どの粒径のエアロゾルが何個あるのか，数えることが可能になります。

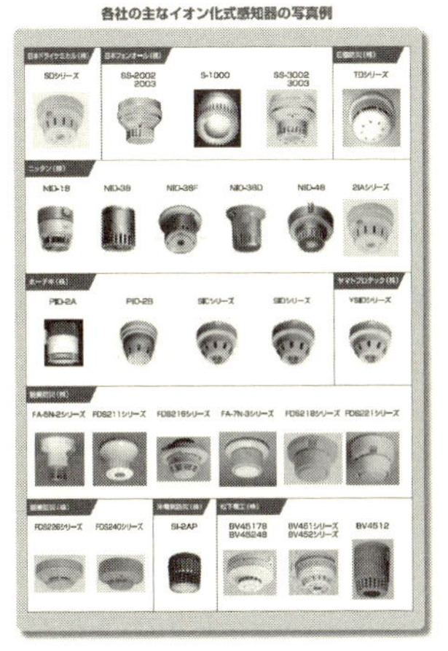

図 25-5　社団法人日本火災報知機工業会のパンフレットの一部*25-8

煙感知器

大気中のエアロゾルを検出するという点で SPM 計や DMA と共通しているのが，イオン化式煙感知器です。火災の防止は社会的には重要な課題であり，その発見はもともと人間の眼に頼らなければなりませんでした。いったん大火になると取り返しがつきませんから，感度や精度が高い煙感知器が求められていました。放射性物質を使った煙感知器は，こうした要求を満たす優れた製品として使われてきました。これらの製品では，アメリシウム 241 のアルファ線を空気のイオン化に用いています。アルファ線のイオン化によって電離電流が電極間に流れますが，そこへ煙粒子（エアロゾル）が入ると電流が変化します。この変化を検知する仕組みが使われました。現在ではイオン化式は他の光電方式に置き換わりつつあり，社団法人火災報知機工業会では，イオン化式の煙感知器の適正な処分や廃棄の仕方を呼び掛けています（**図 25-5**）。

引用文献

Q.2

*2-1 WHO Handbook Indoor Radon A Public Health Perspective, 2009, http://apps.who.int/iris/bitstream/10665/44149/1/9789241547673_eng.pdf

*2-2 United Nations. Sources and Effects of Ionizing Radiation. United Nations Scientific Committee on the Effects of Atomic Radiation. 2000 Report to the General Assembly, with annexes. United Nations, New York, 2000

*2-3 放射線医学総合研究所　NIRS-R-34, ラドン濃度測定・線量評価最終報告書, 1998（p.5 の表 2.2 の一部を掲載）

*2-4 国立がん研究センター　がん情報サービス, ganjoho.jp/public/qa_links/dictionary/dic01/epidemiology.html

Q.3

*3-1 https://www.wmo.int/pages/index_en.html　および　http://www.jma-net.go.jp/tokyo/（ただし，現在は該当ページ消失）

*3-2 Atmospheric Chemistry and Physics: From Air Pollution to Climate Change, 2nd Edition, John H. Seinfeld, Spyros N. Pandis

Q.4

*4-1 On an Expansion Apparatus for Making Visible the Tracks of Ionising Particles in Gases and Some Results Obtained by Its Use
C. T. R. Wilson
Proc. R. Soc. Lond. A 1912 87 277-292; DOI: 10.1098/rspa.1912.0081. Published 19 September 191

Q.5

*5-1 Cosmic Rays, Clouds, and Climate, K. S. Carslaw, R. G. Harrison, and J. Kirkby, Science, 298, 2002, 1732-1737, DOI: 10.1126/science.1076964

*5-2 Behavior and formation mechanism of radioactive aerosol in accelerator facilities，長田 直之，学位論文，2012

*5-3 原子力・エネルギー図面集 2012，電気事業連合会

*5-4 放射化学，古川 路明，1994，朝倉書店

Q.6

*6-1 放射性同位元素等の規則に関する法律（放射線障害防止法）

*6-2 東海村ホームページ　原子力広報防災マップ（図 1.2）https://www.vill.tokai.ibaraki.jp/as-tokai/13_pamphlet/bosaimap2014/p03aboutNucPower.html,（2015 年 9 月 30 日 16：45 取得）

*6-3 Discovery of the elements with atomic numbers greater than or equal to 113 (IUPAC Technical Report), Robert C. Barber, Paul J. Karol, Hiromichi Nakahara, Emanuele Vardaci and Erich W. Vogt, Pure Applied Chemistry, 83(7), 2011, 1485-1498, doi：10.1351/PAC-REP-10-05-01.

Q. 7

*7-1 SCOPE 50, Radioecology after Chernobyl: Biogeochemical Pathways Artificial Radionuclides, Editors Sir Frederick Warner and Roy M. Harrison, Wiley, 1993, New York.

*7-2 Re-construction and updating our understanding on the global weapons tests ^{137}Cs fallout, Michio Aoyama, Katsumi Hirose and Yasuhito Igarashi, Journal of Environmental Monitoring, 8, 2006, 431-438, doi: 10.1039/B512601K

*7-3 Microscopic Examination of highly Radioactive Fall-out Particles, T. Mamuro, A. Fujita, T. Matsunami and K. Yoshikawa, Nature, 196, 1962, 529-531, doi: 10.1038/196529a0

*7-4 東京都立第五福竜丸展示館パンフレットより抜粋, http://d5f.org/pamphlet.pdf

*7-5 http://www.nsr.go.jp/data/000034145.pdf

*7-6 放射化学の辞典，日本放射化学会，2015，朝倉書店

*7-7 Windscale fallout underestimated, http://news.bbc.co.uk/2/hi/science/nature/7030536.stm,（2015 年 10 月 3 日閲覧）

Q. 8

*8-1 http://www.se.fukuoka-u.ac.jp/geophys/am/instrument/sampling.html

*8-2 http://www.t-dylec.net/products/ja/dylec_lp20.html

Q. 9

*9-1 http://www.sii.co.jp/jp/segg/products/archives/mcat/germanium-semicondoctor-detector/

Q. 10

*10-1 http://picturethis.pnl.gov/im2/BOMAB_8206323-2cnd0/BOMAB_8206323-2cnd.tif

*10-2 放射線医学総合研究所，図説ハンドブック　放射線の基礎知識，2012. 3

*10-3 ICRP. Dose Coefficients for Intakes of Radionuclides by Workers. International Commission on Radiological Protection Publication 68, Pergamon Press, Oxford, United Kingdom, 1994

*10-4 ICRP. Age-dependent Doses to Members of the Public from Intake of Radionuclides Part 5. Compilation of Ingestion and Inhalation Dose Coefficients. International Commission on Radiological Protection Publication 72, Pergamon Press, Oxford, United Kingdom, 1995

Q. 11

*11-1 「チェルノブイリを見つめなおす」，今中哲二，2006，CNIC

Q. 12

*12-1 Seasonal and spatial variations of enhanced gamma ray dose rates derived from ^{222}Rn progeny during precipitation in Japan, Y. Inomata, M. Chiba, Y. Igarashi, M. Aoyama, K. Hirose, Atmospheric Environment, 41(37),

8043-8057（2007）doi: 10.1016/j.atmosenv.2007.06.046
*12-2 原発事故環境汚染 福島第一原発事故の地球科学的側面，2014，東京大学出版会，中島 映至，大原利眞，植松光夫，恩田裕一 編 口絵2
*12-3 First retrieval of hourly atmospheric radionuclides just after the Fukushima accident by analyzing filter-tapes of operational air pollution monitoring stations. Haruo Tsuruta, Yasuji Oura, Mitsuru Ebihara, Toshimasa Ohara and Teruyuki Nakajima, Scientific Reports, 4, 6717（2014） doi: 10.1038/srep06717
*12-4 原発事故環境汚染 福島第一原発事故の地球科学的側面，2014, 東京大学出版会，中島 映至，大原利眞，植松光夫，恩田裕一 編　p. 93

Q. 13

*13-1 Atmospheric radioactivity over Tsukuba, Japan: A summary of three years of observations after the FDNPP Accident, Igarashi Y., M. Kajino, Y. Zaizen, K. Adachi, M.Mikami, Progress in Earth Planetary Science, 2:44（2015） doi: 10.1186/s40645-015-0066-1
*13-2 Measurement of resuspended aerosol in the Chernobyl area. I. Discussion of instrumentation and estimation of measurement uncertainty, Evgenii Konstantinovich Garger, V. Kashpur, G. Belov, V. Demchuk, J. Tschiersch, F.Wagenpfeil, Herwig Guenther Paretzke, F. Besnus, W. Holländer, Javier Martinez-Serrano, I. Vintersved, Radiation Environmental Biophysics, 36, 1997, 139-148, doi: 10.1007/s004110050065.
*13-3 Artificial radionuclides in the atmosphere over Lithuania, G. Lujanienė, V.Aninkevičius, V. Lujanas, Journal of Environmental Radioactivity, 100（2）, 2009, 108-119. doi: 10.1016/j. jenvrad.2007.07.015.
*13-4 http://www.rinya.maff.go.jp/j/press/hozen/pdf/120208-01.pdf

Q. 14

*14-1 http://weather-gpv.info/
*14-2 報告「東京電力福島第一原子力発電所事故によって環境中に放出された放射性物質の輸送沈着過程に関するモデル計算結果の比較」，総合工学委員会原子力事故対応分科会，2014 年 9 月 2 日，http://www.scj.go.jp/ja/info/kohyo/pdf/kohyo-22-h140902-j1.pdf
*14-3 放射性物質の全球シミュレーション，田中泰宙，日本風工学会誌，第38巻第 4 号（通号第 137 号）平成 25 年 10 月，388-395

Q. 15

*15-1 ICRP. Human Respiratory Tract Model for Radiological Protection. International Commission on Radiological Protection Publication 66, Pergamon Press, Oxford, United Kingdom, 1994
*15-2 ICRP. Limits for Intakes of Radionuclides by Workers. International Commission on Radiological Protection Publication 30 Part 1, Pergamon Press, Oxford, United Kingdom, 1979
*15-3 EPA: Air Quality Criteria for Particulate Matter，2004

*15-4 日本保健物理学会：Publ.66 新呼吸気道モデル概要と解説，1995
Q.16
*16-1 松岡理著，放射性物質の人体摂取障害の記録：過ちの歴史に何を学ぶか，日本工業新聞社，1995.10
Q.18
*18-1 Mitigation of the effective dose of radon decay products through the use of an air cleaner in a dwelling in Okinawa, Japan, Chutima Kranroda, Shinji Tokonami, Tetsuo Ishikawa, Atsuyuki Sorimachi, Miroslaw Janik, Reina Shingaki, Masahide Furukawa, Supitcha Chanyotha, Nares Chankow, Applied Radiation and Isotopes, 67(6), June 2009, 1127-1132
Q.19
*19-1 Sulfate Aerosol as a Potential Transport Medium of Radiocesium from the Fukushima Nuclear Accident, Naoki Kaneyasu, Hideo Ohashi, Fumie Suzuki, Tomoaki Okuda, and Fumikazu Ikemori, Environmental Science and Technology 46(11), 2012, 5720-5726. doi: 10.1021/es204667h
*19-2 Aerosol Technology: Properties, Behavior, and Measurement of Airborne Particles, 2nd Edition, William C. Hinds, 1999, New York
*19-3 Quantitation of Japanese Cedar Pollen and Radiocesium Adhered to Nonwoven Fabric Masks Worn by the General Population, Higaki Shogo, Shirai Hideharu, Hirota Masahiro, Takeda Eisuke, Yano Yukiko, Shibata Akira, Mishima Yoshitaka, Yamamoto Hiromi, Miyazawa Kiyoshi, Health Physics, 107(2), 2014, 117-134
Q.21
*21-1 Development of a car-borne survey system, KURAMA, Tanigaki, M.; Okumura, R.; Takamiya, K.; Sato, N.; Yoshino, H.; Yamana, H., Nuclear Instruments and Methods in Physics Research Section A: Accelerators, Spectrometers, Detectors and Associated Equipment 726, 2013, 162-168
Q.22
*22-1 原子力安全協会　新版　生活環境放射線（国民線量の算定）　2011.12
Q.23
*23-1 大気エアロゾルの長距離輸送の指標としての人工放射性核種，廣瀬勝己，エアロゾル研究，10(4)，289-294（1995）
*23-2 Aerosol dry deposition on vegetative canopies. Part I: Review of present knowledge, Alexandre Petroff, Alain Mailliat, Muriel Amielh and Fabien Anselmet, Atmospheric Environment, 42(16), 2008, 3625-3653, doi: 10.1016/j.atmosenv. 2007. 09. 043.
*23-3 大気圏における人工放射性核種の挙動に関する地球化学的研究，青山道夫，金沢大学学位論文（1999）
*23-4 Precipitation Scavenging and Atmosphere-Surface Exchange Processes: Fifth International Conference, Michio Aoyama et al., Hemisphere, Vol. 3, 1538-1593 (1992)

Q. 24

*24-1 Yasuhito Igarashi et al., Japan Geoscience Union Meeting 2013 AAS24-05

*24-2 http://www.env.go.jp/doc/toukei/contents/ 2.19　各国の二酸化硫黄(SO_2)排出量の推移

*24-3 福島第一原子力発電所から放出された放射性物質の大気中の挙動，大原利眞，森野悠，田中敦，保健医療科学　Vol.60 No.4 p.292-299，2011.

*24-4 福島第一原子力発電所事故に係る特別環境放射線モニタリング結果－中間報告（空間線量率，空気中放射性物質濃度，降下じん中放射性物質濃度)－，古田定昭，住谷秀一，渡辺 均，中野政尚，今泉謙二，竹安正則，中田 陽，藤田博喜，水谷朋子，森澤正人，國分祐司，河野恭彦，永岡美佳，横山裕也，外間智規，磯崎徳重，根本正史，檜山佳典，小沼利光，加藤千明，倉知 保，JAEA-Review 2011-035，日本原子力研究開発機構

*24-5 オートラジオグラフィーを用いた福島第一原子力発電所起源の放射性降下物の局所的な分布解析，坂本文徳，大貫敏彦，香西直文，五十嵐翔祐，山崎信哉，吉田善行，田中俊一，日本原子力学会和文論文誌，Vol.11, No.1, p. 1-7（2012） doi: 10.3327/taesj.J11.027

*24-6 IAEA International Experts' Meeting on Radiation Protection to Discuss Lessons and Challenges from Fukushima Accident, Yasuhito Igarashi, February 17-21, 2014（http://www-pub.iaea.org/iaeameetings/cn224p/Session3/Igarashi.pdf）

*24-7 佐藤ほか，日本原子力学会 2015 春の年会

Q. 25

*25-1 日本メジフィジックス http://www.nmp.co.jp/member/kakuigaku/about.html および http://www.nmp.co.jp/member/kakuigaku/faq/01.html

*25-2 赤土の起源：島尻マージはいつどのようにして 5 できたか？　古川雅英（2015)．琉球大学理学部編，琉球列島の自然講座，184-185，ボーダーインク，那覇市．

*25-3 一般社団法人日本電気計測器工業会，環境計測ガイドブック（第 7 版），1.7.1 章粒子状物質計測器

*25-4 http://www.env.go.jp/policy/kenkyu/suishin/kadai/new_project/h27/pdf/5-1501.pdf

*25-5 大気中 ^{7}Be の時間的変動と滞留時間，阿部道子，エアロゾル研究，10(4), 1995, 283-288

*25-6 環境中のベリリウムとその地球化学，金井豊，産総研，GSJ 地質ニュース Vol.3，No.12，2014，357-365

*25-7 https://commons.wikimedia.org/wiki/File:DEMC_DMA.PNG を参考にして作図

*25-8 社団法人日本火災報知機工業会，イオン化式感知器の回収促進について http://www.kaho.or.jp/content/files/ionkaishu_01.pdf および http://www.kaho.or.jp/content/files/ionkaishu_02.pdf

著者略歴（五十音順）

五十嵐康人（いがらし　やすひと）
1958年生まれ
筑波大学大学院博士課程化学研究科修了
理学博士（筑波大学）
現在　気象研究所環境・応用気象研究部 第四研究室長

長田直之（おさだ　なおゆき）
1977年生まれ
京都大学大学院工学研究科物質エネルギー化学専攻博士課程単位取得退学
京都大学博士（工学）
現在　岡山大学自然生命科学研究支援センター 光・放射線情報解析部門　助教

福津久美子（ふくつ　くみこ）
名古屋大学大学院工学研究科博士後期課程修了
博士（工学）（名古屋大学）
現在　国立研究開発法人　量子科学技術研究開発機構　放射線医学総合研究所
計測・線量評価部主幹研究員

みんなが知りたいシリーズ⑥
空気中に浮遊する放射性物質の疑問25
―放射性エアロゾルとは―

定価はカバーに表示してあります。

平成29年12月18日　初版発行

編　者　日本エアロゾル学会
著　者　五十嵐康人・長田直之・福津久美子
発行者　小川典子
印　刷　三和印刷株式会社
製　本　東京美術紙工協業組合

発行所 成山堂書店
〒160-0012 東京都新宿区南元町4番51 成山堂ビル
TEL：03（3357）5861　FAX：03（3357）5867
URL　http://www.seizando.co.jp
落丁・乱丁本はお取り換えいたしますので，小社営業チーム宛にお送りください。

ISBN978-4-425-51431-1

成山堂書店の気象・環境関係図書 好評発売中

みんなが知りたい
PM2.5の疑問25
畠山史郎・三浦和彦 編著
四六判・1,600円

みんなが知りたいシリーズ②
雪と氷の疑問60
日本雪氷学会 編
四六判・1,600円

越境大気汚染の物理と化学
(改訂増補版)
藤田慎一・三浦和彦
大河内博・速水 洋
松田和秀・櫻井達也
共著
A５判・3,000円

気象ブックス 018
黄砂の科学
甲斐憲次 著
四六判・1,600円

気象ブックス 024
地球温暖化と農業
清野 豁 著
四六判・1,800円

気象ブックス 026
ココが知りたい地球温暖化
国立環境研究所地球環境研究センター 編著
四六判・1,800円

気象ブックス 032
ココが知りたい地球温暖化2
国立環境研究所地球環境研究センター 編著
四六判・1,800円

気象ブックス 033
地球温暖化時代の
異常気象
吉野正敏 著
四六判・1,800円

気象ブックス 036
酸性雨から越境大気汚染へ
藤田慎一 著
四六判・1,800円

新 **百万人の天気教室**
白木正規 著
A５判・3,200円

竜巻
—メカニズム・被害・身の守り方—
小林文明 著
A５判・1,800円

ダウンバースト
—発見・メカニズム・予測—
小林文明 著
A５判・1,800円

水産総合研究センター叢書
地球温暖化とさかな
水産総合研究センター 編著
A５判・2,200円

水産総合研究センター叢書
福島第一原発事故による
海と魚の放射能汚染
水産総合研究センター 編
A５判・2,000円

■定価は本体価格(税別)

■総合図書目録無料進呈